JOBS FOR ROBOTS

Between Robocalypse and Robotopia

Second Edition

机器人的工作（第2版）

“敌托邦”还是“乌托邦”

【美】沈杰顺 著

李睿深 郝英好 计宏亮 译

電子工業出版社

Publishing House of Electronics Industry

北京•BEIJING

内容简介

机器人和未来科技呈现给我们前所未有的机遇和威胁。将经济和社会的未来看作纯粹消极的或者纯粹积极的描述都存在本质上的不足和偏颇。前进的道路充满挑战，我们必须弥补现在与未来之间的关键差距，才能最大限度地获得未来带给我们的福利。

JASON SCHENKER
JOBS FOR ROBOTS: Between Robocalypse and Robotopia, Second Edition
ISBN: 978-0-9849728-4-5 Paperback
978-0-9849728-9-0 Ebook

版权贸易合同登记号　图字：01-2017-6135

图书在版编目（CIP）数据

机器人的工作："敌托邦"还是"乌托邦" /（美）沈杰顺（Jason Schenker）著；李睿深，郝英好，计宏亮译．—2版．—北京：电子工业出版社，2018.6
书名原文：Jobs for Robots: Between Robocalypse and Robotopia, Second Edition
ISBN 978-7-121-34195-3

Ⅰ．①机…　Ⅱ．①沈…　②李…　③郝…　④计…　Ⅲ．①机器人学－研究　Ⅳ．① TP24

中国版本图书馆 CIP 数据核字（2018）第 103071 号

策划编辑：李　洁（lijie@phei.com.cn）
责任编辑：谭丽莎
印　　刷：天津画中画印刷有限公司
装　　订：天津画中画印刷有限公司
出版发行：电子工业出版社
　　　　　北京市海淀区万寿路173信箱　　邮编：100036
开　　本：720×1000　1/16　印张：14.25　字数：140千字
版　　次：2018年6月第1版（原著第2版）
印　　次：2018年12月第2次印刷
印　　数：2001～3000册　　定价：58.00元

凡所购买电子工业出版社图书有缺损问题，请向购买书店调换。若书店售缺，请与本社发行部联系，联系及邮购电话：（010）88254888，88258888。

质量投诉请发邮件至zlts@phei.com.cn，盗版侵权举报请发邮件至dbqq@phei.com.cn。

本书咨询联系方式：lijie@phei.com.cn。

献给我的父母

本书获得的赞语

一流的经济学家和未来学家使我们大开眼界，他们提出的观点精彩而简洁。这本书对于每一位从事机器人技术及所有关心未来工作和社会的人士来说都是必读之书。这本书将激励我们对国家债务和权利义务及其对科技如何塑造未来的支配性影响展开讨论。

马丁·比勒（Martin Buehler）

迪士尼执行研发幻想工程师

沈杰顺阐述得很清楚……无论是何种族、宗教或政党，机器人都将占据我们的大部分生活。拜读他的著作后，我便意识到这一点，有些方面我还未考虑过……如同正在为此而准备！机器人能够证明，我的事业是不可或缺的！从技术上讲，本书并不是关于机器人的，而是关于机器人即将到来的影响的。它将可能产生自工业革命以来最巨大的影响。

迈克尔·沃尔顿（Michael Walton）

微软行业解决方案主管

第2版前言

PREFACE

对于《机器人的工作》(第1版)，我制定的三个关键目标分别是：分享一些关于机器人和自动化经济的想法；在关于机器人相关机会和风险的争论中增添些许微妙之处；分享我从经济学家转型到未来学家的故事。令我感到欣慰的是，第1版的主要目标已经实现，但是仍有待提升。

第1版发行后，其中所涉及的一些主题很快就发生了变化。另外，还有一些主题需要补充细节和润色。目前，我已完成第2版，进一步阐述了原先的一些主题——其他即将成为重点的主题也囊括其中。

第2版对电子商务展开了更热烈的讨论，还讲述了关于以往工作的奇闻轶事。此外，本书还包括我在过去的一年所收集的机器人和工作博物馆的照片。

鸣谢

除了希望在现有主题基础上加入新的主题并扩展以外，我还想在第2版中增加鸣谢部分。在第1版中，我有一件事没做好，现在我要做出弥补，我要感谢以各种方式参与其中的所有人。

首先，我要感谢那些让我采访或允许我向他们讲述这本书主题的人：

感谢路易斯·鲍德斯（Louis Borders）接受我的采访，并允许我在本书中引用一些我们之间关于技术改进社会价值的讨论。

感谢凯文·弗利特（Kevin Vliet）接受我的采访，并允许我在本书中引用一些我们之间关于机器人技术和自动化对于履行电子商务承诺的价值的讨论。

感谢迈克尔·沃尔顿（Michael Walton）和丹尼尔·斯坦顿（Daniel Stanton）接受我的采访，尽管本书并未直接引用我们之间的讨论。

虽然我并没有为本书采访马丁·比勒（Martin Buehler），但仍然要感谢他主动分享关于机器人技术和自动化带来职业挑战的看法。我们在RoboBusiness 2016展会上的谈话使我深受启发，使得我成立了未来研究所，以帮助经济学家和分析师解决他们所面临的一些未来劳动力挑战——并使我本人完成从经济学家到长期分析师和未来

学家的专业转型。

我还要感谢瑞恩·霍利戴（Ryan Holiday）对《机器人的工作》原始封面的直接反馈。我要感谢丽莎·弗登（Lisa Verdon）和奈费勒·帕特尔（Nawfal Patel）确认《机器人的工作》原始封面看起来的确像是EDM音乐节的吉祥物。虽然我非常肯定原始封面，但为了找到更经典的封面所付出的努力也是很有价值的。我想你也会赞同我的观点。

最后，也是最重要的，我要感谢家人在我写书过程中给予的支持。我要把我的上本书献给我最爱的妻子阿什丽·申克尔（Ashley Schenker）。谨以此书献给我的父母杰弗里·申克尔（Jeffrey

Schenker）和珍妮特·申克尔（Janet Schenker）。这些年来，他们以情感支持、编辑和内容反馈等方式陪伴在我身边，从各方面支持着我。我想要对他们和在此过程中帮助过我的每个人说一声：谢谢!

当然，还要感谢大家购买这本书。希望大家能够喜欢《机器人的工作："敌托邦"还是"乌托邦"（第2版）》！

目录 CONTENTS

简介

机器人与自动化『炙手可热』

如今，机器人与自动化，已经像影片《超级名模》中的人物汉森一样“炙手可热”。书籍、文章和电视片段中的“自动化”“机器人”“全民基本收入”及“未来工作”等话题，不仅引领着整个时代，还传达了我们的时代精神。人们逐渐意识到，无论是在工作还是其他生活场景下，机器人与自动化正发挥着不可替代的重要作用。

“趋势”是你的好帮手

本章结尾图（图0-1 ~ 图0-4）中呈现的“谷歌趋势”数据表明：机器人与自动化已成为当今的热门话题。2017年11月，当本书准备付梓时，在线搜索“机器人”“自动化”“未来工作”和“全民基本收入”等词条的次数，在这一段时间内一直在大幅增加，其中，对“机器人”[1]和“自动化”[2]的搜索达到了自2007年以来的最高水平。另外，对关键词“未来工作”[3]和“全民基本收入”[4]的搜索也在2017年达到历史最高水平。

"机器人敌托邦"与"机器人乌托邦"

当人们谈及机器人和未来工作时，常常会过于简单地将其推向两个极端。一端是"机器人敌托邦"，即机器人、自动化及人工智能，将在未来给人类带来重大灾难；另一端是"机器人乌托邦"，即机器取代人力，人们悠闲自在，过着天堂般美好的生活。

虽然"机器人敌托邦"发生的可能性极小，通常是人们的"杞人忧天"，但"机器人乌托邦"的想法也是粗俗浅薄的。它们都为电影制作提供了十分有趣的素材（虽然"机器人敌托邦"系列电影反响较好，更具感染力），但这些素材描绘的未来场景太过极端，简单而荒谬。

未来，人们最有可能在"机器人敌托邦"与"机器人乌托邦"之间徘徊，有人从中受益，有人却败下阵来。这时，是否具有正确的信仰和充分的准备，是否接受良好的培训和教育，以及是否拥有足够的职位空缺，将成为未来个人和社会成功与否的重要决定性因素。

未来，人们的生活将不会像《终结者》和《星际迷航》所描绘的那样，而更会像《杰森一家》所展现的那样。与想象中不同的是，未来的生活或许并没有大片中所呈现的惊心动魄，不过也值得期待。毕竟，只有纪录片才会讲述自动柜员机及工厂使用的工业机器人等发明。也许关于自动柜员机和机械臂的电影剧本已经撰写完毕，不过对此我表示怀疑。未来的趋势很可能依旧是：大多数科技会得到完美应用。

过去的工作与未来的工作

哲学家乔治·桑塔亚纳（George Santayana）写道：“不记得过去的人，注定要重蹈覆辙。”[5] 而对于机器人、自动化和未来工作，我更信奉：不了解过去的人，注定要为未来恐慌。现如今倾听未来学家的巡回演讲，谈论中世纪欧洲劳工经济学和姓氏起源，看似没那么必要，但当思考未来工作时，往往会从这些最愉快的话题开始。

因此，为了更加清晰地看待未来，回顾过去显得十分必要。本书将我们如今所拥有的优势放在特定的情景中，以此来观察过去工作的变化情况，从而使我们能够在自动化时代自如地应对未来的工作。

举个例子：史密斯（Smith）是英语中最常见的姓氏。[6] 公元前1500年至公元1800年，铁匠（blacksmith）是中世纪和现代早期最常见的职业之一。[7] 那个时代的人们对这个职业相当重视，于是他们选取史密斯（Smith，铁匠的英文单词）作为姓氏。即便如今我们知道这一缘由，也不会根据我们的职业选择姓氏。

在对过去进行分析后，我们将会观察影响近期劳动力前景的工作现状和近期趋势，之后，展望未来。然而，若想成功迈向未来工作，机器人和自动化的未来却是一个问题。在讨论未来工作之前，我们需要回顾工作的历史。那么，本书将从史密斯（Smith）这一姓氏开始回顾，同时也会抽出时间来讨论米勒（Miller，碾磨工的英文单词）和韦弗（Weaver，纺织工的英文单词）这两个姓氏。

"机器人敌托邦"时代下的工作

未来工作很可能会对各种工作岗位和劳动力市场造成或好或坏的影响。其中自动化对一些工作、行业和职业将产生迅速而深远的负面影响。但是，未来工作将会给某些行业带来更多机遇。介于两者之间的情形使许多工作和职业的部分核心功能变得更加自动化，就像计算机影响大多数工作那样。尽管技术变革的步伐加快，但我们仍能看到且经历了过去劳动力市场发生的变化。当然，我宁愿工作在当今时代，以各种角度看待技术转型，迎接这些挑战，而不愿意做一名工业革命时期的铁匠。

古希腊人将生活比作放有两个花瓶的壁炉。花瓶常常是一好一坏。要知道，你所拥有的花瓶并非总是好的。而你的选择也总是好坏参半——或者只有坏的。同样，自动化与机器人所带来的技术变革，对未来工作也并非全是益处。然而，我也相信，结果也并不总是坏的。

“机器人乌托邦”与掌上零售

如今，智能手机已成为人人的掌上商店，电子商务已经创造了一个快速发展的掌上零售世界。我们已经步入了自助式时代，而只有高度定制的自动化工人才能获得我们的供应链。这是成就“机器人乌托邦”最好的机遇之一，具体内容如第5章所述。

如果供应链能够跟上掌上零售的需求，那么我们将更容易获取商品与服务，而且可选择的商品种类也会随之增加。尽管掌上零售会给零售业带来一些风险，但它使人们不必排长队结账，从而节省了他们最为宝贵的财富——时间。而自动化运输在为人们节省时间的同时，也可能增加用户货物运输的选择。

总之，机器人与自动化会为世界带来三大益处：

时间更自由；

出行更自由；

商品和服务的选择更多。

这便是《独立宣言》的主张：生存权、自由权和追求幸福的权利。[8] 然而，也正是美国政府这些一味追求生存、自由和幸福而不进行平衡考量的书籍，断送了自动化与机器人的发展潜能，可谓“还未开始就已结束”。

福利改革的要求

存在资金缺口的医疗保险、医疗补助和社会保障债务已达200万亿美元。在第6章中，我将从尚未改革的福利角度，陈述总体劳动力市场面临的风险。这些风险是由于国债不断上涨、人口金字塔变化及未来债务的预期成本而产生的。尽管机器人与自动化会带来重大有利的机遇，但由于缺乏福利改革，最终的结果可能并不理想。有时候，也许初衷是好的，但最终却成了通向地狱的铺路石。不过，很明显，没有资金支持的福利计划必将使人感到被奴役，无法获得自由。

讽刺的全民基本收入（UBI）

在“机器人敌托邦”和“机器人乌托邦”的说法中，全民基本收入（UBI）的概念成为另一个经济因素。这一概念是指：每个人无论工作与否，都应享受政府补贴。无论机器人是否能够管控所有工作，使工人变得贫困不堪；抑或是使世界变得更加富有，使工作显得可有可无，提供全民基本收入的政府都将向每个人发放一定的资金。

全民基本收入存在的许多问题，将在第7章中进行讨论。最大的问题是紧接着第6章关于福利与美国国债的讨论所得出的，即全民基本收入，我们根本承受不起。除预算问题外，规避这一全民基本收入计划的主要原因有四种：通货膨胀、税率上涨、阻碍未来经济和技术发展的不利因素，以及大量无业游民造成的社会风险。如果把无业游民比作魔鬼的作品，那么全民基本收入就是魔鬼用以招募这些无业游民的有利工具。

掌上课堂

防御未来“机器人敌托邦”的最好办法，就是培养教育良好、适应能力强的劳动力。我们需要缩小教育和技能之间的差距，而掌上课堂正是帮助人们，在即将到来的机器人与自动化对劳动力市场的变革中，生存与发展的重要工具。幸运的是，在线课程、资格证书、专业职称、学士学位及硕士学位的获取路径已经迅速拓宽。因此，网络教育的范围在未来可能会进一步扩大，发展也会更加迅速。这将在第8章进行详细讨论。

掌上劳动力市场

在工业革命之前，你获取工作资讯的途径可能仅限于你生活所在的村庄。而后，选择范围扩大到报纸中的广告。但是，如今你可以在手中随时查看2000万份工作的清单。这种掌上劳动力市场增加了人们的就业机会。在自动化程度不断提高的当今世界，我们面对有利机遇时更需要拥有灵活的头脑和快速学习的技能。由此，掌上劳动力市场见证了网络时代的发展，最终也将成为自动化时代成功的关键因素。

做好准备，以免机器人取代你的事业

为确保自动化与机器人研究会给经济和社会带来益处，我在考察了不利风险、有利机遇及关键条件后，为本书读者提供了一些建议。劳动者无论身处何处，都需要随时获得就业、教育和技能培养的机会。如果你没有足够的教育和技能，并且没有为快速适应环境做好身心准备，那么终将会落后。货运、运输和零售可能会成为冷门职业，医疗保健、自动化、信息技术及项目管理则可能会成为热门职业。

下一章：为什么写这本书

在下一章（第1章）中，我分享了编写本书的动力，其中也融合了数据、统计学、经济学、历史和未来工作等内容。那么，首先让我们来看看，“谷歌趋势”搜索图表中呈现的机器人与自动化，如今是多么“炙手可热”。

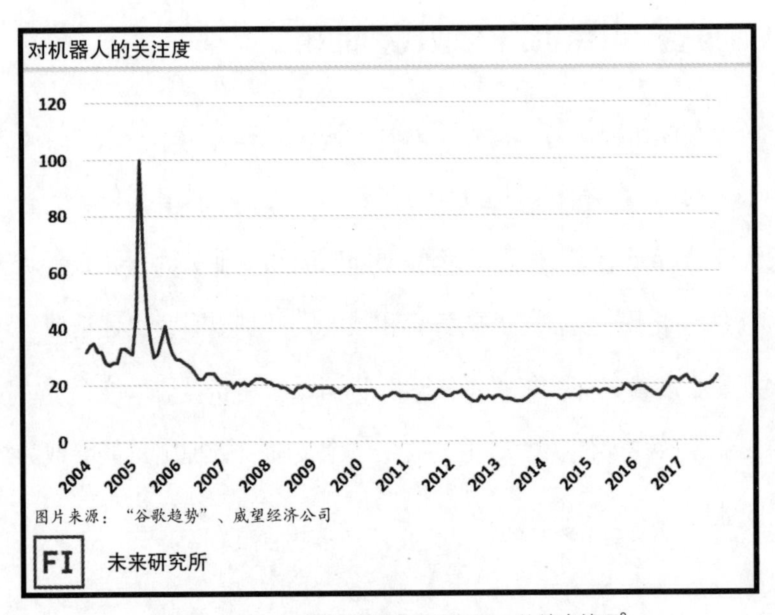

图0-1　2007年"谷歌趋势"关于机器人的搜索情况[9]

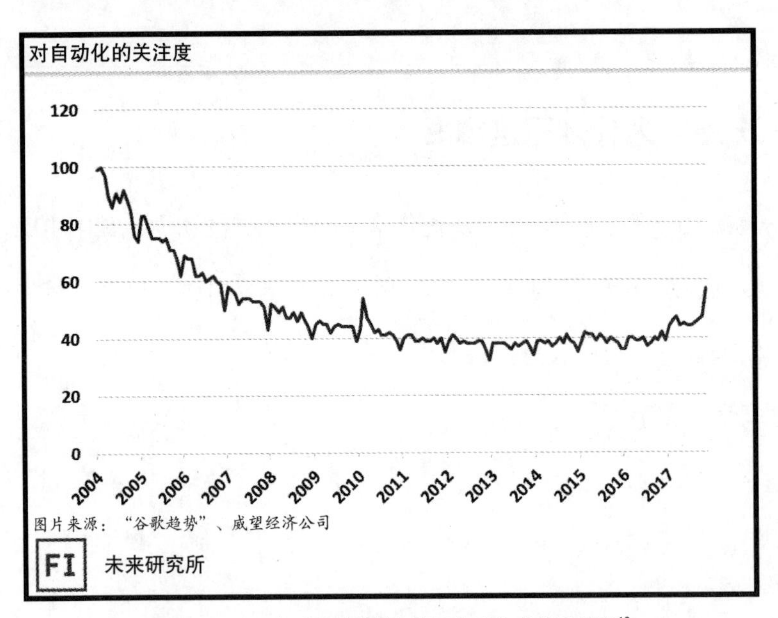

图0-2　2007年"谷歌趋势"关于自动化的搜索情况[10]

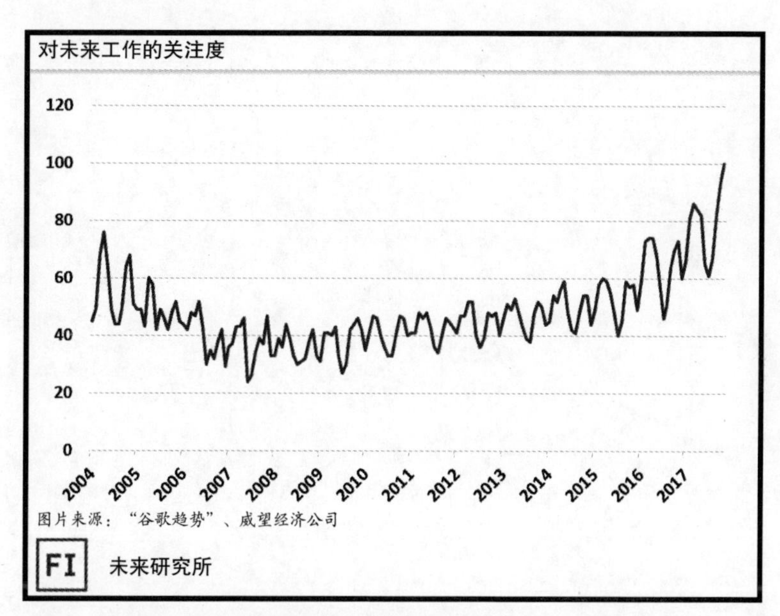

图0-3　“谷歌趋势”关于未来工作的搜索接近记录峰值[11]

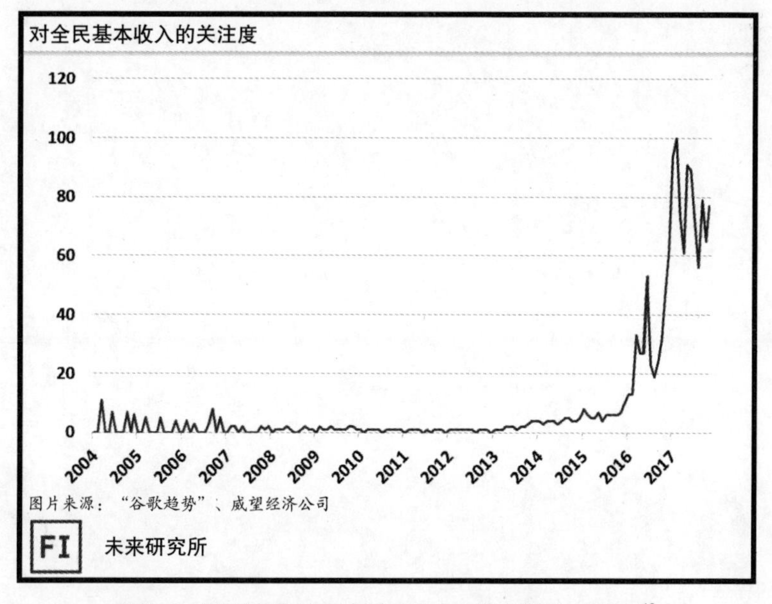

图0-4　“谷歌趋势”对全民基本收入的搜索接近历史记录[12]

第1章 为什么写这本书

人人都在谈论机器人，却没有人谈到福利改革、缩小教育差距，以及采用确切的历史观点应对未来挑战这样的重要问题。而这些重要问题将决定机器人是否会改变我们的生活，使之更美好或更糟糕。

对于自动化与机器人的争论存在着一种倾向，即以简化的方式将未来描绘为敌托邦或乌托邦——正如“机器人敌托邦”或“机器人乌托邦”一样。然而，关键的驱动因素都是最基本的，未来景象将取决于我们如何安排劳动力、发展教育和制定税收政策。

人们之所以对机器人与自动化问题争论不休，是因为这不仅影响着每个人的生活，对未来工作也十分重要。此外，在反托邦式的“机器人敌托邦”故事中，机器人与自动化接管所有的工作，威胁着全社会的稳定，所有看过《终结者》这部科幻电影的人都会产生共鸣。正如新闻人士常说的那样：越血腥越吸引眼球。那么没有什么会比“机器人敌托邦”更血腥、更吸引眼球了。

全面分析自动化、机器人和人工智能所带来的不利风险和有利机遇是十分必要的。我编写本书的主要目的在于，当我们谈论未来的工作方式、教育的重要性及福利改革的迫切需要时，能够更加认识到缩小重大差距的重要性，从而使个人和社会可以充分利用“机器人乌托邦”呈现的有利机遇并从中受益，同时减少“机器人敌托邦”所带来的不利风险。

写给所有人

未来学家、分析师和决策者，对于未来工作的看法影响着每个人。其中包括你自己、你的孩子、你孩子的孩子、你的子孙后代，以及和他们刚刚认识的、已经了解的，甚至是将来可能认识的人。所以说，这些看法相当重要。如同对未来工作的争论那样，本书适合每个人。

环境需求

对"机器人敌托邦"的想象过于简单、荒谬却又令人着迷，但若进行细致的考察，并将其放在具体情景中去考虑，将对推进这一重要议题的讨论大有裨益。自助服务变革已成为现实，但其自身既可能引起风险，同时又能化解风险。如今，我们的需求正在增加。第二次世界大战前在德国出现的一群哲学家、法兰克福学派，将这一概念称为"商品拜物教"。简单来说，人们购买东西的渴望胜过一切。如今，我们渴望拥有掌上零售，甚至渴望能够掌上控制一切，如商业、课堂、办公室、劳动力市场及爱情生活。

手机交友软件Tinder或许不会改变你未来的职业前景，但大规模在线开放课程（MOOC）和在线职位公告板则会实实在在提升你的职业前景。

20世纪90年代末，带有手机插图的明信片上写道："手机之所在即为家。"这样的宣传在20世纪90年代略显夸张，不太可能实现，而如今几乎已成为现实。事实上，今天，你可以进一步宣称："手机在哪，商场、课堂、办公室及职位资讯就在哪。"尽管掌上科技带来的一切可能会威胁到我们的工作，但它将继续推动我们的经济和职业生活稳步向前。

未来学家塑造未来

谷歌首席经济学家哈尔·瓦里安（Hal Varian）在2009年为《纽约时报》撰文时，称赞"统计员"的职业是"未来10年最性感的职业"。[1] 然而，这10年的时间就快过去了。

应用统计学和计量经济学对数据分析至关重要。在过去10年的大部分时间里，统计人员对大数据分析做出了巨大贡献。此外，随着我们能够更加有效地分析和处理日益扩大的数据集，我们也有能力对天气、金融市场及客户行为的短期动态进行分析。

如今，对新型分析师即长期分析师的需求不断增长。毕竟，长期分析也需要完善和未来的发展。因此，未来学家应运而生。未来学家所涉及的领域逐渐增多。在我看来，"未来学家"的职业很可能成为未来10年最"性感的"职业。

经济学家和金融未来学家

自2004年以来，我一直是专业的商业经济学家，本书则是我从经济学家到未来学家转变的顶点。近年来，客户需求推动了我对未来的不断分析。然而由经济学家转变为未来学家并非易事。为了帮助经济学家和分析师培养长期的分析技能，我决定在2016年10月成立未来研究所。

面对未来金融市场，我的分析和预测十分准确，超过其他相关领域的未来学家。事实上，我在担任威望经济公司（Prestige Economics）总裁期间得到了"彭博新闻社"的认可，而且由于我对经济和金融市场的分析与预测十分准确，他们称我为世界一流的预测师之一。

从2011年到2017年第三季度，由于预测精确，我的分析预测记录分别登上38种不同品类的顶级排名，并在23个预测精度排行中位居榜首。简单地说，世界上其他任何金融市场未来学家在预测未来时也未必做得如此精确。我的任务是预测未来，我写本书也是为了和大家分享我对未来的看法。

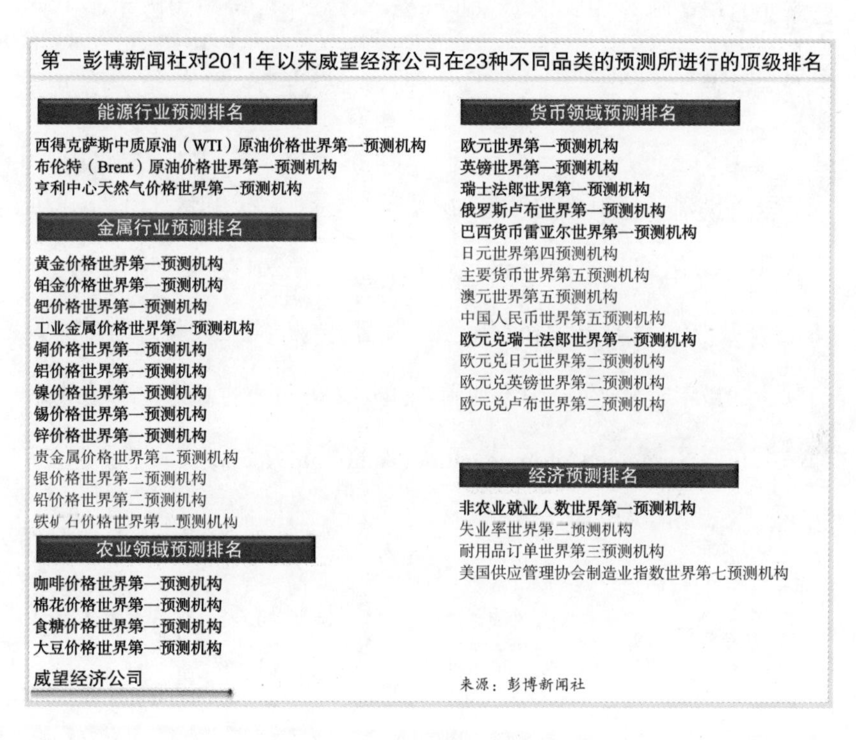

第一彭博新闻社对2011年以来威望经济公司在23种不同品类的预测所进行的顶级排名

能源行业预测排名

西得克萨斯中质原油（WTI）原油价格世界第一预测机构
布伦特（Brent）原油价格世界第一预测机构
亨利中心天然气价格世界第一预测机构

金属行业预测排名

黄金价格世界第一预测机构
铂金价格世界第一预测机构
钯价格世界第一预测机构
工业金属价格世界第一预测机构
铜价格世界第一预测机构
铝价格世界第一预测机构
镍价格世界第一预测机构
锡价格世界第一预测机构
锌价格世界第一预测机构
贵金属价格世界第二预测机构
银价格世界第二预测机构
铅价格世界第二预测机构
铁矿石价格世界第二预测机构

农业领域预测排名

咖啡价格世界第一预测机构
棉花价格世界第一预测机构
食糖价格世界第一预测机构
大豆价格世界第一预测机构

货币领域预测排名

欧元世界第一预测机构
英镑世界第一预测机构
瑞士法郎世界第一预测机构
俄罗斯卢布世界第一预测机构
巴西货币雷亚尔世界第一预测机构
日元世界第四预测机构
主要货币世界第五预测机构
澳元世界第五预测机构
中国人民币世界第五预测机构
欧元兑瑞士法郎世界第一预测机构
欧元兑日元世界第二预测机构
欧元兑英镑世界第二预测机构
欧元兑卢布世界第二预测机构

经济预测排名

非农业就业人数世界第一预测机构
失业率世界第二预测机构
耐用品订单世界第三预测机构
美国供应管理协会制造业指数世界第七预测机构

威望经济公司

来源：彭博新闻社

图1-1　威望经济公司排名[2]

关于我的教育背景：我持有一个学士学位、六个专业资格证书、四个学历证书和三个硕士学位。除了麻省理工学院（MIT）颁发的FinTech证书外，本书与我所攻读的应用经济学硕士最为相关。应用经济学常称作计量经济学，研究的是统计学在经济数据中的应用。

我于2003年完成了应用经济学学位的课程学习，也就是说，我已于2003年获得统计学相关专业的学位，这比谷歌预测该专业未来将成为时髦专业的时间还早5年。显然，我早已成为一名崭露头角的未来学家。

自《机器人的工作》（第1版）发行以来，我就未来工作、机器人和自动化这一主题做过数十次演讲。在2017年西南偏南大会（SXSW）[1]上，我与各大私营企业、公营机构、实业集团讨论过这些话题。2017年7月，在拉脱维亚首都里加（Riga）的北约"卓越战略通信中心"（Strategic Communication Centre of Excellence），我甚至高调出场，做了一次有关这一主题的演讲。

[1] SXSW是英文South By Southwest（西南边的南边，这是得克萨斯州的地理位置）的简写。每年在美国得克萨斯州都会举办一场规模宏大的音乐盛典。大大小小的音乐公司、媒体、高科技企业都会参与其中。关于机器人的讨论也是SXSW的热门话题。（译者注）

未来研究所

创作《机器人的工作》一书，参加RoboBusiness展会，以及了解机器人和未来工作，这一系列活动所带来的最重要的成果之一就是，我决定成立未来研究所。经过与迪士尼幻想工程研究及开发部门负责人马丁·比勒（Martin Buehler）就机器人人才培养挑战问题进行的长时间讨论，我顿时觉得，大多数经济学家、分析师和其他商业专业人士对各自领域正在面临的变革毫无准备。

未来研究所旨在帮助分析师和经济学家成为未来学家和长期分析师。迄今为止，我一共开设了五门不同的课程，旨在帮助分析师和经济学家成为未来学家：未来学家基础入门教程、未来的工作、未来的数据、未来的金融业及未来的运输。

与本书一样，未来研究所的部分主要原则就是，帮助历史背景和经济数据加入到未来技术的前景中。此外，应重点把握在“几乎现在”技术和“也许有一天”科学幻想之间存在极其重要的区别。

2018机器人与自动化年鉴

除了成立未来研究所及开设一系列在线培训课程外，我和团队正在将机器人和自动化专家们的文章编撰成书，书名为《机器人与自动化年鉴》，这本书是对来年的展望。

未来学家并非奇点主义者

虽然我是一个未来学家，但并非奇点主义者[3]，不相信我们终将成为生化电子人，也不相信我们的大脑仅仅由碳和硅构成。我认为，机器人、自动化和人工智能构成了21世纪工作者工具包的一部分。鉴于我在经济学方面的研究，我认为个人和公司将会积极响应激励措施，并对他们现有的机会加以利用。这些激励措施和响应将推动信息时代向自动化时代转型的变革。

科技正在迅速变革，我相信随着经验的增加，我们能适应科技进步带来的影响，不会被科技或政治所控制。我相信人类能够战胜这一切。毕竟，我们在各种职业上面临了越来越大的挑战。要想知道这些变革到底多么具有建构性和普遍性，你只需要在读完第2章后随便找本电话簿翻一翻就能感觉到了。

第 2 章

过去的工作与名字有何关联

人们都知道，英语中最常见的姓氏是史密斯[1]（意为铁匠）。但你知道这些姓史密斯的人，究竟有多少在铁匠铺里从事铁匠工作呢？我猜测：一个也没有。如今，如果你想要看到铁匠，只能去真人历史博物馆（如普利茅斯种植园和殖民地威廉斯堡），见图2-1。或许，你能在文艺复兴节的时候看到铁匠。当然，那些人基本上都是表演者，而且他们的姓氏也不可能是史密斯。事实上，很多姓史密斯的人可能都没见过铁匠，更不知道铁匠是怎样工作的。

铁匠，作为一个古老的职业，其根源最早可追溯至约公元前1500年铁器时代的第一批铁匠。[2] 在12世纪[3] 的英国，像史密斯这样以职业命名的姓氏得以巩固。这一职业一直经久不衰，蓬勃发展，直到19世纪末标志着钢铁时代来临的铁路的诞生，才使得这一职业慢慢衰落下来。[4] 那时，“工业时代几乎淘汰了所有小作坊……（因为）铁路四通八达，贯穿全国，各处工厂都在制造五金器具并通过五金店兜售其产品”。[5] 从那时起，姓史密斯的人就不再是铁匠了。

欧洲也经历了类似的变革。在德国，施密特是最常见的姓氏之一；在法国，列斐伏尔这一姓氏则非常常见。姓施密特和列斐伏尔的人也从事铁匠工作，他们同样目睹了自己职业的消失。

如今，想象一下这些职业曾发生过怎样的剧变。如今的人们理解劳动力正迅速发生改变，对教育和技能的要求也在不断变化。但是在19世纪后期发生这样的变革却是前所未有的。

图2-1　在铁匠铺工作的铁匠[6]

铁匠作为一个成功的职业已延续了近3400年，而在短短的约一个世纪里，这个行业就完全消失了。正因为如此，我们对自动化、机器人及人工智能心存担忧。在铁匠行业消失前800年的12世纪，人们选择史密斯作为他们的姓氏。之所以选择这个职业作为姓氏，是因为人们相信它会永远存在，毕竟已经延续了2600多年——这个期望似乎也十分合理。

当然，用现代的流行话来讲，铁匠不是唯一因工业革命而被"颠覆"的职业。那些将"碾磨工"、"纺织工"和其他职业作为姓氏的人们，都经历了职业的消亡。如今，磨坊早已被当作纪念馆，你可以在那里见到磨盘转动碾压谷物的景象。看图2-2，多么有趣！不过事实上这里没有工人，来这工作的也只有导游而已。

图2-2 工业时代之前的磨坊如今已成为博物馆[7]

那些已经改变又从未改变的名字

那些以职业命名的姓氏，如史密斯、米勒和韦弗使人们能够想起几个世纪或几千年后被完全颠覆的中世纪村庄的形象。但是，

这类职业名称却有着深远的影响。姓名起源史学家J.R.多兰（J.R. Dolan）曾说，比起以昵称、地名、感情关系作为来源的姓氏，以职业作为姓氏可以"更大限度地伴随个人的一生"。[8] 因为交易中所积累的技能和商品等经济来源，才是维持家庭世代稳固的重要因素。

你能想象这样一种情形吗？你的一生中只从事一个工作或职业，而这个职业世世代代影响着你家人的生活。当然，一些家族企业正是如此，但还不至于让人们改变姓氏来体现他们的新工作。

酒馆老板和未来学家

本人的姓氏Schenker在德语中也是一个职业的名称，含义是"酒馆老板"，可我的家人并不是酒馆老板。当然，或许在奥斯汀第六街上开一家酒吧会很有趣，不过坦白地来讲，我的家人都不希望成为酒馆老板，而且我和他们也不会因此感到遗憾。事实上，对于曾经在欧洲的一个村庄里发生的、跨越世代的家族企业的种种记忆，我的家人早已忘记。甚至在我进入大学学习德语前，我的家人都不曾知道这个名字的含义。真的没有人知道，包括我、我的父母、我的祖父母。而我的孙辈也可能有此感受。在他们所生活的时代，也许没有人从事或想要从事我的职业——未来学家。

想象一下，如果没有未来学家，未来将会如何。我肯定不会费尽心力，将我的名字改成贾森·未来学家（Jason Futurist），而且我敢肯定我的妻子，也不会将她的名字改成阿什丽·项目经理（Ashley Project Manager）。

我认为如今没有多少人会选择职业作为他们的姓氏，而随着时间的推移，相信人们更不会这样做。毕竟，美国劳工统计局的数据就已显示，每一年都有35% ~ 40%的员工换工作。在2016年的12个月的时间里约有38%的员工发生了人事变动，其中有6010万名员工被解雇，6250万名员工被雇用。[9]

过去的人们如何看待未来工作

如果我在中世纪时代编写了一本关于未来工作的书，那么我很可能被绑在火刑柱上等待死亡的到来。而且没有人会相信铁匠会被工厂的机器所取代，肯定也没有人会相信在未来，人们可以坐在办公室里用计算机工作，而计算机将会代替他们进行思维工作。然而，即便人们相信这些，也不会想到在未来可以实现远程操控，甚至掌上办公。

人们已经在工厂工作了数千年，在办公室工作的时间也已超过一个世纪。但我们知道，工作场所可能会改变，可以说很可能改变。在第一次工业自动化浪潮期间，制造商就已发现许多工作流失到海外，数量在不断减少。而且这种趋势可能会持续下去，并普遍存在于其他行业中。当然，未来工作的变动可能会使有一些流失的制造工作从国外回到美国，但这些工作很可能由机器人而非人类来完成。这正是我在上本书《选举的衰退》（*Electing Recession*）中所讨论的内容。

未来适应性：将在预期范围内加快发展

有了机器人和自动化，劳动力变化的速度可能比过去还要快。但我们仍然需要明白，工业革命期间劳动力剧变的影响力和意外性，很可能超过我们有生之年即将经历的一切。毕竟，那个时代没有网上工作公告板，无法进行网络教学，甚至人们的出行范围都要小得多。此外，我们今天比以往任何时候更了解我们周围的经济世界——肯定比19世纪末的村民了解得更多。这更突显了我们与祖先相比的最大优势，那就是：我们对变化有所预见并充满期待。

未来工作将会发生改变，而我们与工作的联系并没有祖先自古以来与其工作的联系那么密切。共同工作空间、远程工作环境、个性化办公，从W-2员工到1099合同工转变，这些想法都已经开始实施。但与工业革命初期人们经历的改变相比，这些不算是根本性的变化。

工业革命期间，人们的工作经历了从村庄和公会到工业或科研的转变，相比之下，未来工作与如今的工作较为相似，并未发生根本性的变化。

然而，如今的改变并不是让我们抛弃3000多年前祖先的职业，而是去努力适应将来需要从事的新型智能工作。当然，向知识经济的转变已经开始。如今，随着自动化与机器人技术的发展，这一转变将更加迅速。

未来人力劳动将只在博物馆里展示

我在《对抗衰退》（*Recession-Proof*）一书中对办公室这一在我们的生活中扮演重要角色的概念进行了分析，在我看来，在不久的将来办公室将会被淘汰。我们需要明白，今天从事的工作在未来可能就成了"古董"。以前碾磨工被当作一种职业，而如今这种职业早已消失，水磨坊也成了仅供观赏的博物馆，就像图2-3所描绘的苏格兰高地水磨坊那样。

图2-3　过去的工作——水磨坊[10]

风车磨坊也遭遇了同样的命运。荷兰一度有1000多个运转的风车磨坊，而现在还在运转的风车磨坊只有十几个，其中5个如图2-4所示。

在磨坊的工作由于电器的出现和工业革命的发生而变得多余，

图2-4　过去的工作场所——风车磨坊[11]

并且早已由机器人接管。那么如果可能的话，未来像图2-5中的办公室会成为博物馆吗？绝对有可能。毕竟，传统的办公空间已经受到威胁。

2007年至2009年，我曾在麦肯锡公司工作，该公司是一家全球公认的领先咨询公司。2007年，那时大多数咨询公司未分设单独的办公室，而该公司就已具备灵活的办公空间，并能进行远程办公。那可是10多年前！今天，很多公司都具备类似的工作结构，掌上办公也呈现出了良好的发展势头。

图2-5 未来人们眼中过去的办公场所——半开放式办公室[12]

这是一个关键性的问题，2016年，在我撰写第1版时，我在纽约市的一些机构投资客户对金融科技革命及智能理财对纽约市商业地产的潜在影响忧心忡忡。关于被动资产管理的兴起及其对传统金融服务的影响，我将在第4章中进行讨论。

这些态势减少了金融服务中的人员需求，并且会导致一种连锁效应，即需要办公室进行办公的人员会越来越少，这是因为自动化更易于实现规模经济。

联合办公空间的兴起

除了远程办公和伸缩空间办公外，目前还出现了一种新现象，即联合办公空间，广受企业家和小企业的欢迎。随着越来越多的人远程工作或拥有小型创业公司，人们需要一种专业的氛围，使企业家、个体企业家和创业者脱离与世隔绝或孤独的境地。实际上，在联合办公地点工作的人，即使单独工作，也会感觉自己是大公司的一员。

联合办公空间如雨后春笋般遍布于美国和世界各地。某些情况下，创业加速器和孵化器担当了这一角色，尽管这些实体有时会要求创业公司放弃其附属股权，并分配工作台或办公空间，以便现场使用。对于创业公司和个人，联合办公所需费用通常比拥有一间办公室低得多，而且创业公司不需要放弃自己宝贵的资产。

最有名的联合办公空间公司之一就是WeWork，该公司2017年7月的被估市值为200亿美元左右。WeWork其中一间位于奥斯汀的办公室如图2-6所示。这种工作环境的变化是我们所看到的众多调整之一。当然这不会是最后一次。

最近我们的工作方式、工作场所和使用的工具发生了很大的变化。随着我们从信息时代过渡到自动化时代，变革将会持续。今天是办公室，而明天可能变成工作博物馆。即使是最新的趋势，总有一天也会不复存在。但我们与前人不同，我们知道这一点，并且有所期待。毕竟这是件好事。

图2-6 WeWork位于得克萨斯州奥斯汀的联合办公空间[13]

全民基本收入

在第7章，我们将会分析人们面对技术进步造成失业的适应性需求。那么现在，你可以思考一个问题：在工业时代开始之初，在技术变革中发生了意想不到、空前绝后的转变，如果政府因此就为铁匠和碾磨工提供全民基本收入，那么铁匠和碾磨工如今又会在做什么呢？

第 3 章

现在的工作

在进入“机器人敌托邦”的末日主题之前，我们先来看看美国劳动力市场和劳动力现状，以及其近几年的发展状况。在增长、适应的趋势及变化的持续性方面，这些历史发展对未来工作产生了影响。

本章既不会完全偏向于科技变革所导致的“机器人敌托邦”及其带来的弊端，也不会完全偏向于“机器人乌托邦”带来的好处。本章展现了当前经济和劳动力市场状况，同时表达了我本人、美国劳工统计局（BLS）及其他人员对未来的期望。

首先我们要看一下美国各个职业的历史发展走向；然后考察机器人、自动化和人工智能对哪些行业影响较大，对哪些行业影响较小；最后，我们将查看美国劳工统计局对就业增长和工资做出的一些预测。

农业大变革

除了我在第2章讨论过的中世纪的职业外，另一个被技术推向遗忘边缘的行业便是农业。1840年，美国近2/3的劳动力从事农业。而今天，这个数字还不到2%。

图3-1显示作为美国劳动力一部分的农业岗位正在急剧减少。该图还显示同样作为美国劳动力一部分的制造业所创造的就业岗位从1840年开始上升，1920年达到峰值[1]，随后开始持续下降。

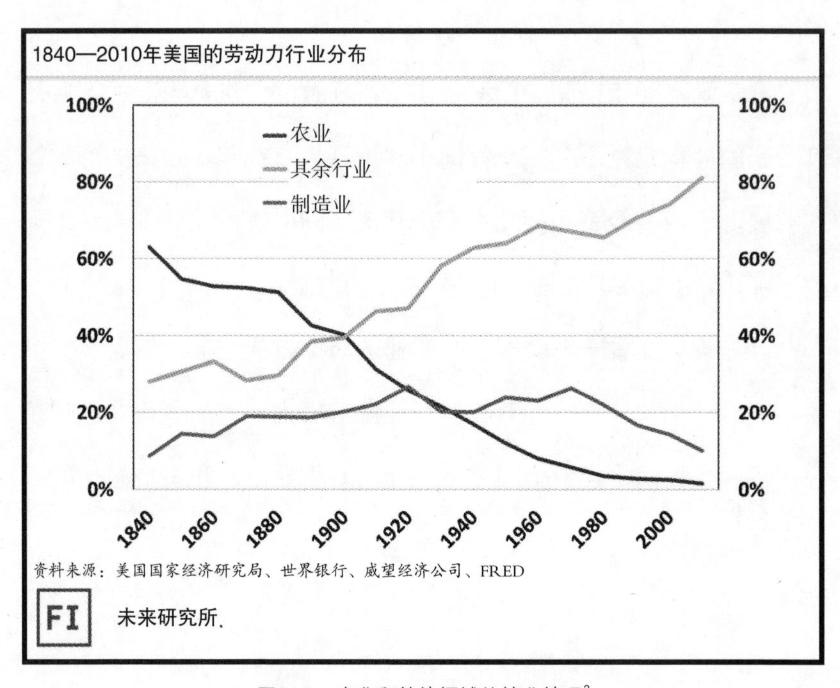

图3-1　农业和其他领域的就业情况[2]

制造业就业岗位

制造业作为美国劳动力的组成部分之一，其就业人口在以绝对的数量下降，这自然是受到了自动化科技的影响。当然，另一个影响因素就是外包程度太高。尽管如此，美国制造业的绝对就业人数在1979年达到峰值，随后就开始下降（见图 3-2）。[3]

政治家们期望创造就业机会，对制造业工作进行回岸迁移。但是美国国内唯一可能大量创造的制造业工作岗位，均由机器人代劳。自动化技术会在制造业继续发展，陆上回岸迁移的工作大多数是那些在国外已经成为高成本和劳动密集型的、可以自动化的工作。

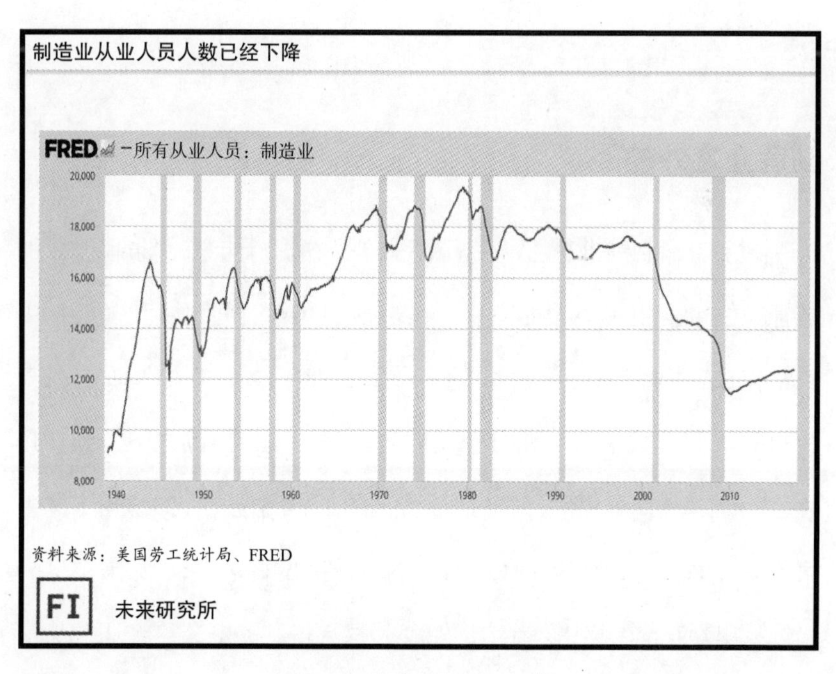

图3-2　制造业的从业人员[4]

在制造业中，自动化一直是主要问题，我预计这种情况将会一直继续下去。我曾参观过美国的许多高度自动化的工厂，这些工厂尽管应用了高科技，但还是有一部分工作需要人工完成。此类工作通常涉及投入限量生产运行的产品、自动化成本极高而需要进行手工装配的小件物品，或需求量大、存在大量利润空间而合理采用手工装配的产品。而这些只是制造业中存在的个别现象，并不能代表行业的普遍规则。

制造业之外的现状

除了美国制造业就业人口下降之外，近几十年来，非制造业的高管职位也发生了很大的变化。在短短的36年时间里，大多数州中最常见的工作都发生了很大的变化。1978年的"秘书"职位在某些州的就业人数最多（在21个州中排名第一）。[5] 相比之下，到2014年，"卡车司机"已经成为各州最常见的工作岗位（在29个州中排名第一）。[6] 而到了2014年，在最常见的工作岗位目录中，"秘书"这一岗位只出现在5个州中。当然，如今大家觉得"秘书"这一职位头衔有些不合时代，更多人偏向于将这一职位称作"行政助理"，因为计算机让我们成为自己的秘书。我们自己写信（用电子邮件），保留自己的日程安排（在线查看），并管理自己的联系人列表（使用LinkedIn）。由此看来，自动化的普及会带给人们更多的变化。根据各州最近36年的数据来看，“卡车司机”不太可能成为第一大职业，但我不确定未来“卡车司机”这一职位头衔是不是会像“秘书”一样“失宠”？“卡车司机”这个职位从概念上会不会有更新潮的叫法？我认为这个可能性很大。

生产力

生产力是衡量雇主在每个雇员身上获利多少的一项指标，生产力水平越高，意味着每个员工的产出越多。雇主可以通过调节两根杠杆——资本和技术——来实现更高水平的劳动生产力。这也将推动未来劳动力的构成发生变化。

过去，随着蒸汽机、早期机器人和IT技术的诞生，生产力不断提高，而增长率也随之上升。如图3-3所示，根据麦肯锡全球研究所的研究，科学技术的发展使生产力年增长率分别达到+0.3%、+0.4%和+0.6%。[7]

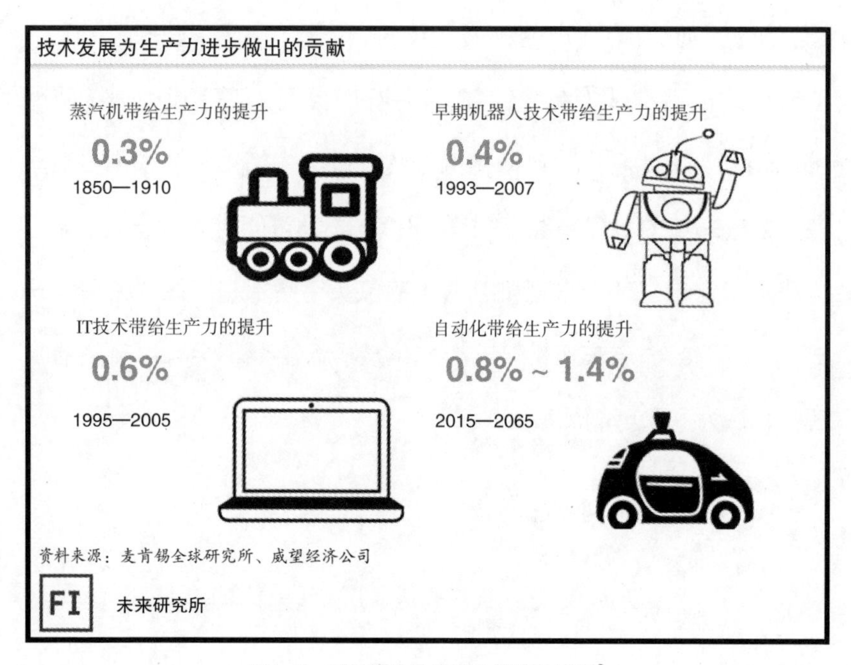

图3-3　科技进步为生产力做出的贡献[8]

展望未来

对于自动化在未来所产生的影响，麦肯锡全球研究所预计，在2015年到2065年的50年里，生产力年均增长率将达到0.8% ~ 1.4%。[9]这将是一个非常长的时间，而且预期的生产力贡献非常高。虽然预测的生产力增长趋势可能时间太长或数值太高，但是方向很可能是正确的，因为自动化将促进生产力和增长率不断上升。

资本、劳动和自动化

当经济学家讨论推动增长的因素时，他们常会谈到诺贝尔奖得主罗伯特·索洛（Robert Solow）提出的索洛增长模型。[10]这种模型描述了某经济体中存在的生产函数，换句话说，它是一种可以展示某个经济体是如何实现经济增长的框架。实际上，这个模型非常简单，只需要输入三个变量，即资本（K）、劳动（L）和技术（A）即可。某些喜欢经济学公式的学者，通常将索洛增长模型的方程式表达如下：

$$Y = F(K, L, A)$$

这就意味着生产变化（Y）是函数（F）中K、L和A三个变量共同作用的结果。虽然A在这个方程式中代表技术，但我认为未来，这个方程式中的A可能会更多地代表自动化技术。随着人类越来越多地利用机器人来执行一些任务，生产力在未来还有很大的提升空间。

劳动力优势

传统意义上的机器人只进行死板、重复性的操作，并不需要任何逻辑。但是机器人在发展中期，可能会将逻辑和适应性扩大到准结构化的应用场景中。图3-4展示了波士顿咨询集团开发的一个框架，它将机器人和人力的劳动优势分别进行了比较，同时还预测了接下来机器人所掌握的技能可能发展的方向。随着机器人所掌握的技能不断发展，它们对整体经济生产力的贡献能力将会增强。

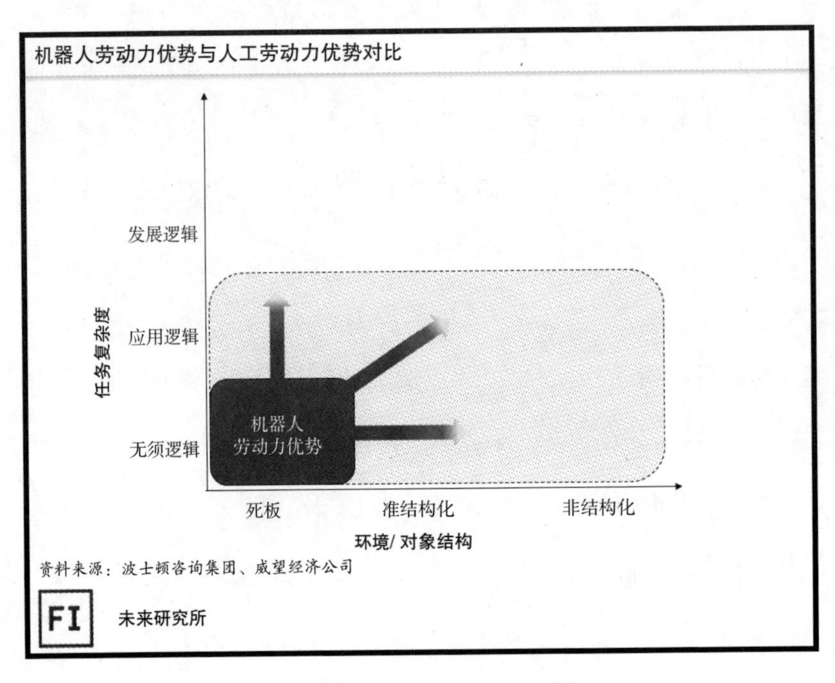

图3-4　波士顿咨询集团的劳动力优势框架[11]

在考虑机器人潜力的同时，我们需要考虑到机器人在独立运作、发展自我逻辑及在非结构化环境中执行任务这三个方面的能力，今后只可能有更大的发展。然而，即使机器人可以像人一样学会这些技能，用机器人代替人力也不一定能够获得积极的投资回报，因为目前人类可以比机器人更好地执行这些任务。

由于机器人和自动化有助于提高生产力水平，所以一些工作岗位将被淘汰。根据图3-5所示，计算机化和自动化能够减少更多行业的工作岗位。可以看出，最可能受到计算机化冲击的工作，要么教育和技能需求低，要么具有高度公式化的性质和重复性，可以通过自动化编程的方式用机器代劳。另外，危险工种也面临着被高度自动化取代的风险。

计算机化取代工作岗位的概率

工作岗位	可能性
电话营销员	99%
会计师 / 审计师	94%
零售销售人员	92%
技术文档工程师	89%
房地产销售代理	86%
文书处理员 / 打字员	81%
机械师	65%
商务航机驾驶员	55%
经济学家	43%
健康保健技师	40%
演员	37%
消防队员	17%
编辑	6%
化学工程师	2%
牧师	0.8%
运动教练	0.7%
牙医	0.4%
休闲治疗师	0.3%

资料来源：威望经济公司，《经济学人》，“未来就业：哪些岗位最有可能被计算机取代？”作者C. Frey（弗雷）和M. Osborne（奥斯本）(2013年)

FI　未来研究所

图3-5　计算机取代工作岗位的可能性[12]

相比之下，需要更多教育和技能，以及职业、人际接触较多的职业很可能会保持其发展态势，不会丢失就业机会，甚至岗位需求人数有可能进一步增长。

我们来看几个例子，探讨随着自动化和计算机化的增加，图3-5中的职业会受到怎样的影响。

电话营销员

多年来，我总能接到自动呼叫的推销电话，并且这些所谓的自动呼叫电话已经到了司空见惯的地步。当然，它们本身并非机器人，而只是一个经过设计和编程的计算机程序，用于电话销售商品或服务。你可能有过亲身经历，自动呼叫的电话营销员和真正的电话营销员一样烦人，但是自动化程序不会感到疲惫、沮丧或受到侮辱。另外，开展自动呼叫电话活动比人力电话营销活动要便宜得多。所以很遗憾，我真心希望自动呼叫电话的应用会越来越多。有这种想法的不止我一个人。

会计师

与电话营销不同，会计师需要专业培训并具备专业化技能。但是有一些工作任务，特别是审计，是基于收集和分析大量数据，然后运用一套非常具体和严格的规则对数据进行处理的。其中，数据收集及运用规则进行分析可以实现自动化。在某些商店中，这些流程已经实现了自动化。使用实时库存管理的零售商也越来越多，而且随着LoweBot店内机器人的投入使用，我们可以看到审查工作将会发生巨大的变化。（参见第5章的图5-2）

休闲治疗师和运动教练

需要人际接触的工作是不容易被取代的。例如，博克斯通（一家高科技零售公司）几十年来一直从事按摩椅销售工作。但是按摩师这一职业并未消失。同样，尽管有无数小时的训练录像和家用训练设备，运动教练这个职位依然无可替代。出现上述两种现象的原因很简单：你需要人为的指导和接触才能完成任务，有时，有些工作是机器无法实现的。

盘点美国常见的职业

图3-6显示了全国私营部门中最常见的职业类别。而在自动化程度日益提高的世界里，这些就业岗位很可能被自动化所代替。其中，零售销售人员，出纳员，货运、库存和物料搬运工，库存文员和订单填写员，以及卡车司机都面临着被替代的风险。

美国最常见的工作

工作岗位	就业人数
零售销售人员	4 155 190
出纳员	3 354 170
办公室文员	2 789 590
食物制作 / 服务人员	2 692 170
注册护士	2 751 000
服务员	2 244 480
客户服务代表	2 146 120
保安和保洁员	2 058 610
货运、库存和物料搬运工	2 024 180
秘书和行政助理	1 841 020
库存文员和订单填写员	1 795 970
总经理和运营经理	1 708 080
记账、会计和审计员	1 657 250
小学老师	1 485 600
卡车司机	1 466 740

资料来源：美国劳工统计局、威望经济公司、Ranker.com

FI 未来研究所

图3-6 在美国最常见的工作[13]

幸运的是，如今美国经济对其他工作的需求有增无减。其中，位于工作需求增长表前列的是那些可以帮助美国解决人口老龄化问题的职业。因此，图3-7表明，美国劳工统计局（BLS）预计到2024年，医疗保健行业将高居新就业增长表榜首。事实上，美国劳工统计局预计到2024年，整个服务业仍将是创造新增就业机会的最重要行业。到2024年，建筑业和采矿业是仅有的两个有望实现增长的货物生产行业，但它们都属于相对危险的行业，在不久的将来，它们将具备实现自动化的条件。

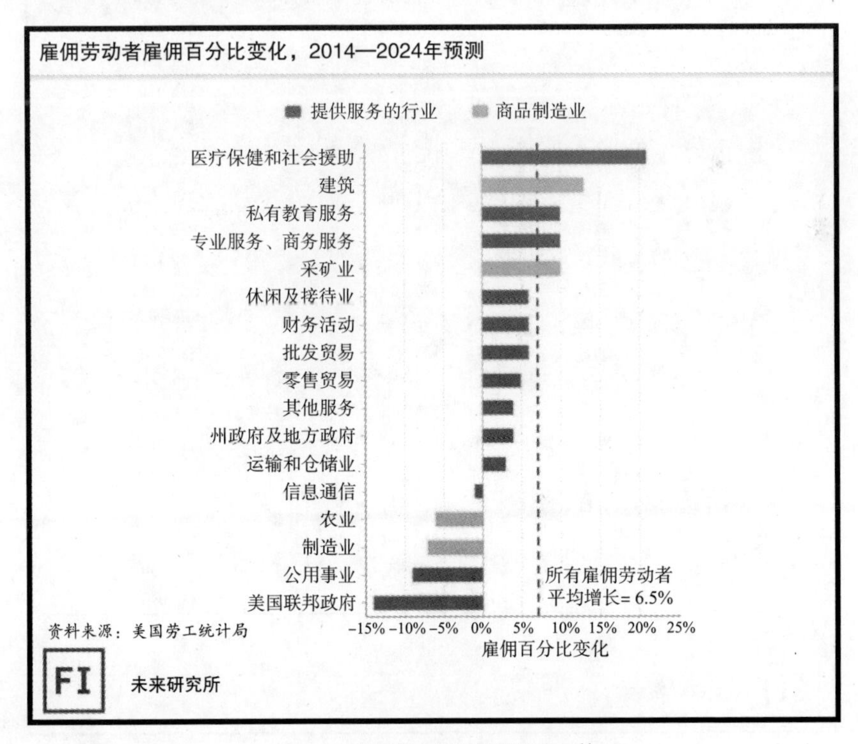

图3–7　主要行业部门的增长情况[14]

最新工作岗位

据美国劳工统计局预测，到2024年，服务业内最有可能增加新工作岗位的唯有医疗保健行业。其中，个人健康护理、注册护士和家庭健康护理位列前三（如图3-8所示）。同时，这些数据也从侧面反映了人口老龄化所催生的行业需求。

最新的工作岗位

职　　业	2014—2024 年新增工作岗位（预测）	2015 年年薪中位数
个人健康护理	458 100	$20 980
注册护士	439 300	$67 490
家庭健康护理	348 400	$21 920
食品制作　服务人员	343 500	$18 910
零售销售人员	314 200	$21 780
助理护士	262 000	$25 710
客户服务代表	252 900	$31 720
厨师	158 900	$23 100
总经理 / 运营经理	151 100	$97 730
建筑工人	147 100	$31 910
会计 / 审计	142 400	$67 190
医务助理	138 900	$30 590
保安 / 保洁员	136 300	$23 140
软件开发人员	135 300	$98 260
工人	125 100	$25 010
行政支援人员	121 200	$52 630
计算机系统分析师	118 600	$85 300
职业操作护士	117 300	$43 170
管家	111 700	$20 740
医务秘书	108 200	$33 040

资料来源：美国劳工统计局、威望经济公司

FI 未来研究所

图3-8　各行业就业人数最大的新型工作[15]

除了医疗保健行业之外，另一个排名较高的就业岗位是餐饮服务业。最近几年，总有舆论称“餐厅是新型零售业的窗口”。随着目前电子商务的迅速普及，越来越多的交易开始在线上运行，但根据人们对食物准备、餐饮服务人员和厨师的需求来看，餐厅仍将是重要的增长点。

增速最快的工作

根据美国劳工统计局的统计数据，到2024年，医疗保健行业也因其最快的增长率，在职业排行榜上占据主导地位。

图3-9显示了美国劳工统计局所预测的美国增长最快的20个职业。其中，13个集中在与健康相关的领域。从薪水待遇角度来看，10大增长最快的就业机会中，与医疗保健相关的工作占6个。换句话说，医疗保健工作正在快速增长，其中很多岗位待遇优厚。

增长最快的工作

职　业	2014—2024 年增长率	2015 年年薪中位数
风力涡轮机技术员	108%	$51 050
职业治疗助理	43%	$57 870
物理治疗师助理	41%	$55 170
理疗助手	39%	$25 120
家庭健康护理	33%	$21 920
商务车司机	37%	$50 470
护士执业人员	35%	$93 190
理疗师	34%	$34 020
统计学家	34%	$30 110
救护车司机和医护人员	33%	$23 740
职业治疗助理	31%	$27 800
医师助理	30%	$93 180
运营研究分析师	30%	$78 630
个人财务顾问	30%	$39 160
摄影测绘制图员	29%	$61 880
遗传咨询	29%	$72 090
口译员和笔译员	29%	$44 190
听力学家	29%	$74 890
助听器专家	27%	$49 600
验光师	27%	$103 900

资料来源：　美国劳工统计局、威望经济公司

FI　未来研究所

图3-9　增速最快的工作岗位[16]

薪资待遇最高的工作岗位

根据美国劳工统计局的统计数据，美国的医疗保健行业也主宰了美国年薪中位数最高的职位。

在美国的年薪中位数由高到低的排名（见图3-10）中，医疗保健占前14个最高薪酬工作中的13个，其中前10名中有9个与医疗保健行业相关。“首席执行官”这一岗位是排名前10的唯一一个与医疗保健无关的职位，但它仅排在第10名。当然，这些高薪医疗职业的缺点就是，从业人员需要在大学、医学院和医院进行长时间的学习或实习，且很难获得相关的研究基金。

高薪工作排名

职　业	2015 年年薪中位数
医生 / 外科医生	$187 200
外科医生	$187 200
口腔 / 颌面外科医生	$187 200
内科医生 / 全科医生	$187 200
产科医生 / 妇科医生	$187 200
精神科医生	$187 200
牙齿矫正医生	$187 200
麻醉科医生	$1S7 2DD
家庭 / 全科医生	$184 390
首席执行官	$175 110
牙医 / 所有其他专家	$171 000
儿科医生 / 全科医生	$170 3DD
麻醉护理师	$157 140
牙医 / 全科医生	$152 700
建筑 / 工程经理	$132 800
计算机 / 信息系统经理	$131 600
石油工程师	$129 990
市场经理	$128 750
法官 / 裁判	$126 930
空中交通管制员	$122 950

资料来源：美国劳工统计局、威望经济公司

FI 未来研究所

图3-10　年薪中位数由高到低的排名[17]

美国劳动力市场现状

在分析了美国劳动力市场的现状（以及近期预期）之后，我们很容易看到，最近几十年来劳动力市场发生了翻天覆地的变化。与农业相关的就业岗位几乎绝迹，1979年以来制造业岗位一直在下滑，而医疗保健行业一直处于上升状态。

了解生产力是自动化、机器人和计算机化的关键驱动力，这一点很重要。简单地说，雇主希望最大化他们的收益。而自动化恰好迎合了这一需求。因此，大概所有人都觉得未来工作状况会有很大的变化。而"机器人敌托邦"和"机器人乌托邦"之争的核心就在于未来究竟会变成什么样子，劳动力市场会如何变化。

最近美国政府的数据显示，近期就业机会最大的行业将是医疗保健行业。虽然有一些职业的自动化和机器人技术会带来负面风险，但由于人口统计学上的需要，可自动化任务的缺乏，以及对人际互动的真正需要，许多行业正处于增长阶段。医院护工和校医短期内不可能被替换。

虽然机器人可以执行许多功能，但它们唯一无法做到的就是复制真正人际交往的正面体验。许多目前处于增长阶段的医疗工作岗位需要完成大量的半定制活动，因此重复性并不是很高。这也就意味着，这些工作岗位实际上并不适合自动化。

展望未来

未来工作的变化很可能比以前更为迅速。一些劳动者可能觉得自身难以适应不断变化的劳动力需求，而具备适应能力的劳动者愿意在最需要他们的岗位上做出积极贡献，那么随着自动化的加速发展，这些人将成为主要受益者。

在接下来的两章中，我将详述“机器人敌托邦”带来的不利风险，以及“机器人乌托邦”的光明前景。自动化对我们的职业生涯来说会变得至关重要。尽管未来发展可能在两条道路上择一而行，但在我看来，结果最终会介于两者之间。最终，它将在很大程度上取决于如何利用我们所拥有的机会——而这就是我在第8章和第9章深入讨论的一个主题。

第 4 章

『机器人敌托邦』

对未来工作的消极影响

在“机器人敌托邦”与“机器人乌托邦”的争论中，“机器人敌托邦”阵营认为“这一次的情况是完全不同的”。他们认为“这一次”与以往相比存在四点本质的区别，可能使我们的世界走向痛苦的世界末日，这四点区别包括：

人们将无法跟上劳动力市场的发展步伐；

所有工作都将消失；

人们会毫无目标地活着；

计算机将会胡作非为，肆意横行。

但是，这一次不会有什么不同。在自动化时代，有些工作会像已经消失的打字员、勤务工（报社或广播机构雇用来递送稿件及跑腿的男孩）和收费站工作人员一样不复存在。不要忘了，第2章中的铁匠、磨坊工和纺织工也已经消失。

但是，无论技术怎样进步，人们仍然有——而且需要有——事情可做。

“机器人敌托邦”主张：人们将无法跟上时代的步伐

末日之“机器人敌托邦”倡导者认为，在自动化时代，工作性质的变化将不同于历史上的任何其他变化。虽然我同意这些变化很快就会发生，以我从未见过的速度，但我认为变化的幅度似乎要小于工业革命时期。

如第2章所述，工业革命颠覆了几个世纪（甚至可以说是长达1000年）以来业已存在的经济结构。但是在自动化时代，许多因素可能仍然比较相似：大多数工作仍然是服务性质的，大多数工作仍然需要技能或教育背景，大多数工作条件仍然具有专业性，与农业或工业条件完全不同。自动化可能会加剧脑力工作和教育的负担，而远程工作环境的趋势将会加速。但是，与工业革命的转变相比，这些变化要小得多。

人们能否跟上自动化时代的步伐将是一次挑战，但是我们除了面对别无选择。然而，在面对这一挑战时我们有自己最大的优势：我们了解经济是不断变化的。我们知道自动化和机器人正在来临。我们知道教育机会的价值，而且我们获得的教育机会比以往任何时候都要多。因此，为了应对劳动力市场的长期缓慢变化，我们做好了比以往更加妥当的准备。当然，我们可以做得更好。但是，低技能、低收入和低学历的工作将会遇到来自"机器人敌托邦"的威胁。机器人就是为了这些工作而来的。

“机器人敌托邦”主张：所有工作都将消失

“机器人敌托邦”倡导者认为，所有工作都将实现自动化。虽然有些工作即将消失，但其他工作却没那么容易受到影响。

自动化将会影响就业形势，但劳动力市场很可能会经历一系列分叉变化，教育和技能是关键的划分因素。如图4-1所示，制造业和运输业等一些行业具有较高的自动化技术潜力。但是教育、管理、需具备专业技能的行业、信息和医疗保健等其他行业的自动化潜力要低得多。换言之，对受过教育的专业人士而言，“机器人敌托邦”的职业性威胁要低得多。

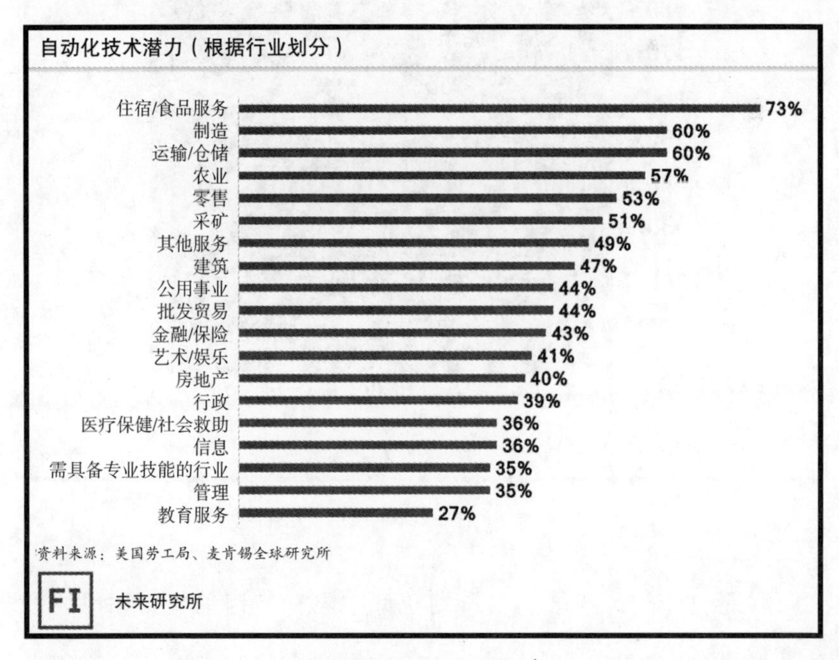

图4-1 行业自动化潜力[1]

"机器人敌托邦"的现实：低技能的工作将会消失

"机器人敌托邦"是对那些低技能和低收入的工作而言的，特别是重复性（或危险性）的手工劳动。根据麦肯锡全球研究所对自动化所做的一项研究，手工劳动程度最高和技能最低的工作，被自动化取代的风险最大，[2] 如图4-2所示。虽然这些数据反映了各种风险，但并不能全面体现"机器人敌托邦"的潜力。

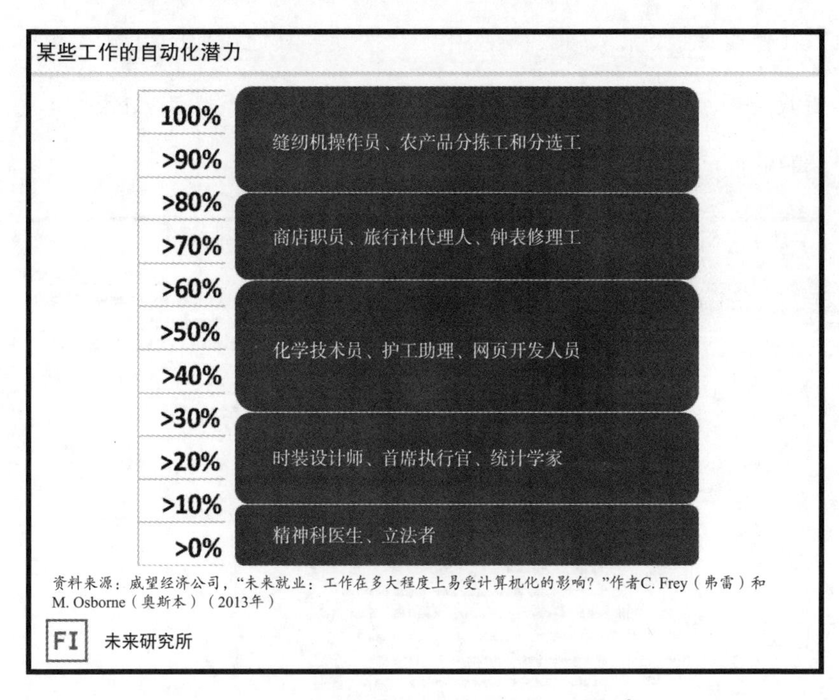

图4-2　低技能的工作具有较高的自动化潜力[3]

顺便说一句，我很高兴看到统计学家在被自动化替代可能性的清单上排名很低。我认为，鉴于未来学家和长期分析师进行预测工作所需的分析参考时间跨度较长，未来学家在名单上的排名甚至会更低。

“机器人敌托邦”的现实：低收入的工作将会消失

除了低技能的工作会迎来“机器人敌托邦”之外，低收入的工作也面临着“机器人敌托邦”的威胁。从图4-3中可以看到，工资低于20美元/小时的工作中，83%将出现自动化可能性，而工资超过40美元/小时的工作中，只有4%会出现自动化可能性。[4]

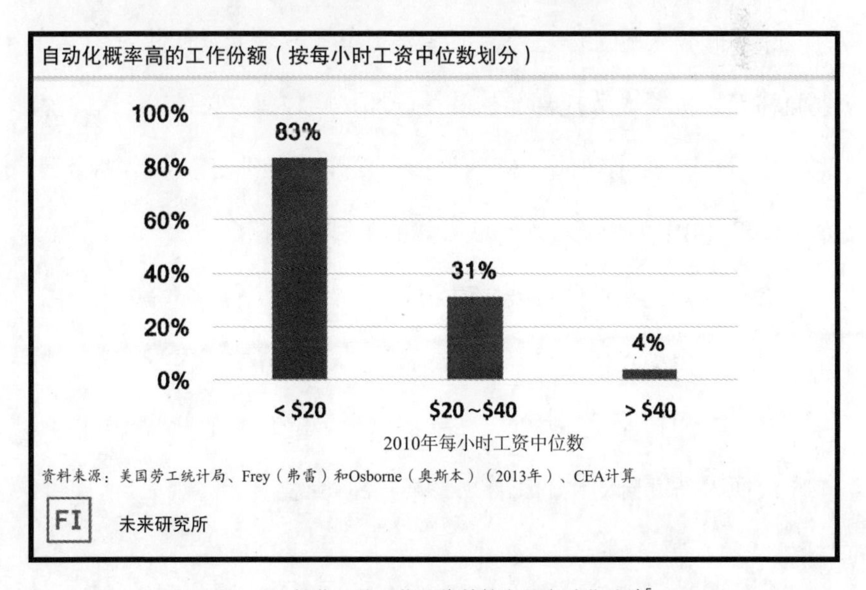

图4-3 低收入的工作面临着较高的自动化威胁[5]

这种经济分化突出强调了智慧资本工作的价值，以及需要制定一些政策，帮助失业工人顺利向自动化转型。其中，获得技能拓展的机会对于这些失业工人而言至关重要。否则，经济不景气就很可能蔓延到政治舞台。此外，缺乏技能拓展的机会可能会导致"全民基本收入"政策的产生，具体如第7章所述。

"机器人敌托邦"的现实：对学历要求较低的工作将会消失

除了低收入的工作之外，那些学历背景要求低及低收入的工作也面临着"机器人敌托邦"的威胁。2016年12月，总统办公室发表了一篇题为《人工智能、自动化和经济》的报告，该报告提出了图4-3和图4-4中关于低收入和低技能的工作的数据。[6]

该报告称，在那些仅要求高中以下文凭的工作中，有44%的工作是"高度自动化的工作"，而要求研究生学历的工作没有一个是"高度自动化的工作"。另外，在要求学士学位的工作中，只有1%的工作被视为高度自动化的工作。图4-4表明受教育能够避免自己沦为"机器人敌托邦"的受害者。

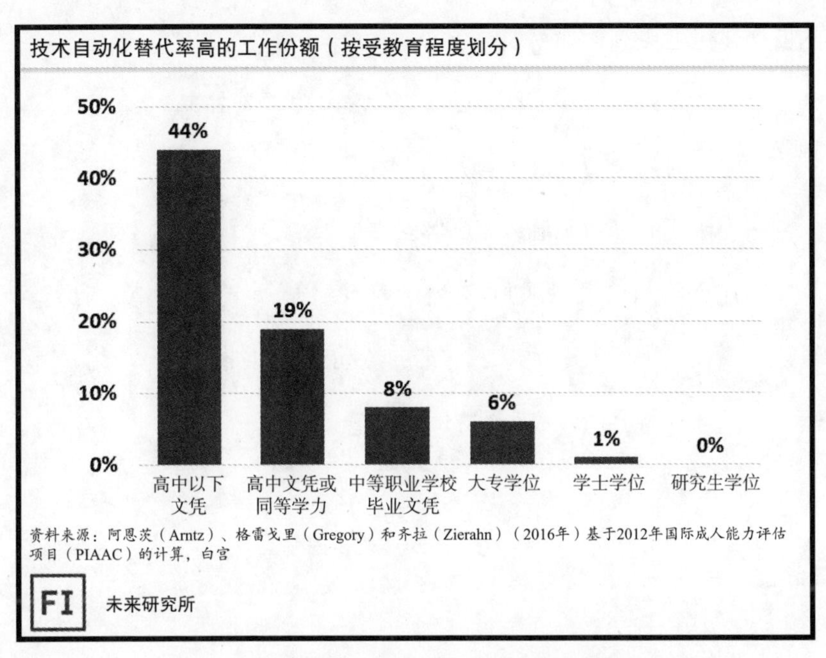

图4–4 自动化技术对学历要求较低的工作威胁较高[7]

全球“机器人敌托邦”威胁[8]

那么，又有多少工作会因自动化而受到威胁呢？答案在很大程度上取决于问题的对象。到目前为止，人们已经进行了许多关于自动化影响的研究。2013年，弗雷和奥斯本进行的主要研究表明，美国约47%的工作都有可能实现自动化。弗雷和奥斯本还认为，国外的自动化风险更高，如下所述：

经合组织（OECD）的自动化潜力为57%左右；

中国的自动化潜力为77%左右；

印度的自动化潜力为69%左右。

这几个预测结果似乎并不会让我们感觉问题十分严重，但麦肯锡认为，在未来，整个地球上一半的活动都有可能实现自动化，"机器人敌托邦"将会造成灾难性的影响。[9]

区域"机器人敌托邦"威胁

在我所编著的《对抗衰退》一书中，我指出衰退可以仅局限于某些地区。因此，似乎某些地区比其他地区更容易受到自动化风险的影响，低成本制造地区尤其如此。

几十年来，许多经济学家都预测所有低成本制造业最终将迁移至非洲。但是，由于低技能工作很可能实现自动化，因此人们可能会选择使用机器人将成本降到最低，而不是通过将制造业设施迁移至非洲来实现地域劳务成本套利。

美国城市的“机器人敌托邦”威胁

虽然整个美国或全球经济不大可能实现“机器人敌托邦”，但是某些城市也许更容易遭受这些威胁。

考虑到某些因素会将劳动者置于“机器人敌托邦”的威胁之下，以及科技和创新中心的发展潜力，我们有理由推断，那些有着高学历、高技术含量、高收入劳动力的城市面临“机器人敌托邦”的威胁最低。在图4-5中，你可以看到美国风险最高及最低的城市排名。旧金山等城市的科技占据市场较大份额，面临的风险最低，科技占据市场份额相对较小的城市则面临着最高的风险。

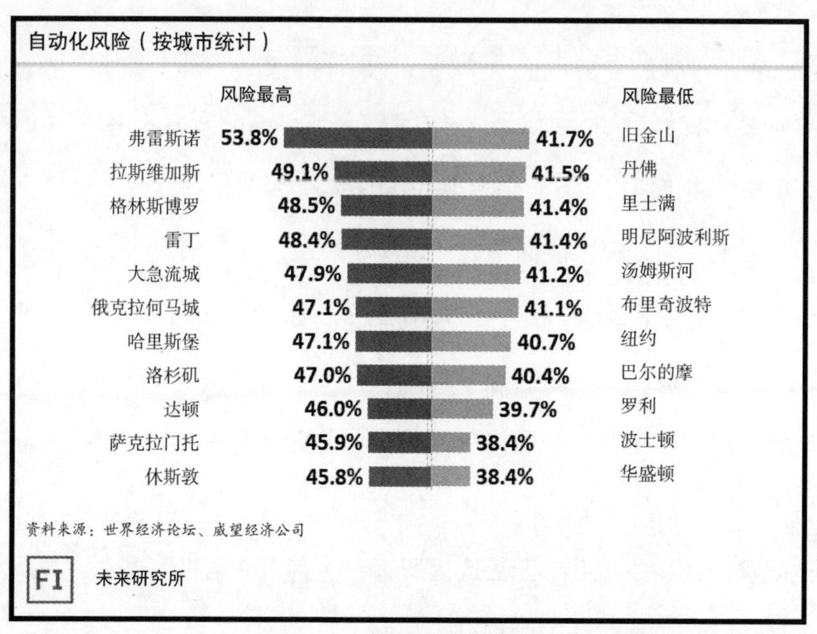

图4-5 遭受威胁的美国城市[10]

在图4-5中，风险最高和最低城市的"两部分组合图"似乎就秉承了这样的理念，即教育、收入和技术含量是成败的决定性因素。加利福尼亚大学伯克利分校的经济学教授恩里科·莫雷蒂（Enrico Moretti）在他的著作《就业新布局》中指出，经济发展的影响"在同一个国家中，不同的城市和地区有着巨大的差别"，而这有利于"部分城市的居民，而伤害了其他城市的居民……（进而）重新将就业机会、人口和财富分配"到各个科技创新中心，"而在未来数十年，这一过程可能会加快"。[11] 换言之，"机器人敌托邦"的潜在风险可能无法对科技中心造成影响，而那些拥有大量技术和创新部门的城市甚至有可能继续发展。

相反，那些劳动力技术含量、学历水平和收入水平较低的城市总体上会陷入更大的"机器人敌托邦"威胁中。这就是图4-5中美国城市在自动化风险差异背后可能存在的推动力。[12]

很多劳动者都可能面临职业风险和挑战，这一情况十分常见。近年来，全球化给低技术含量劳动者所在地区带来了巨大压力。此前，约翰·梅纳德·凯恩斯（John Maynard Keynes）曾在1930年提出了"技术性失业"一词，在那之后，它便一直是不同时代的人们所关注的风险和问题。简言之，技术性失业是独立于经济周期的失业问题。这是技术进步无法造福所有人的有力证据——这也正是我们现在所面临的一个自动化风险。

技术性失业

在某些行业，由于技术变化，“机器人敌托邦”不仅会导致某些人在一段时间失业，而且会彻底摧毁整个行业。由于大量劳动者都无法满足就业要求，而且他们的技能也都失去了用武之地，因此这些变化会让大量劳动者失业。经济学家约翰·梅纳德·凯恩斯提出了“技术性失业”这一概念，并且在1930年发表文章指出：

“我们正遭受新‘疾病’的折磨，某些读者也许还没有听说过它的名称，但是接下来的几年它的信息会把我们的耳朵磨出老茧——这种‘病’就叫作‘技术性失业’。我们提高劳动力利用率的速度超过了我们为劳动力开辟新用途的速度，就会造成失业。但这只是经济暂时失调的表现。所有这一切都意味着，从长远看，人类终将会解决其经济问题。我敢预言，100年后，那些先进国家的生活水平将比现在高4～8倍。即使根据现有的知识来看，这也是意料之中的事。因此取得更大的进步也是可能的。”[13]

凯恩斯描述的挑战与今天自动化和机器人技术前景造成的挑战相似。在他的文章中，你不仅可以看到他对颠覆性变化的担忧，而且也有他对提高生产率、增长速度、收入和技术水平的希望。

如今最令人关切的领域就是运输。

“运输敌托邦”

也许最有可能面临“机器人敌托邦”和大规模失业风险的领域便是运输业。如图4-6所示，美国劳工统计局的估计数据表明，220万～310万份运输类工作正面临着自动化的威胁。[14] 任何从事运输工作的人都应该知道，他们从事的工作就像牛奶盒一样：它们都有保质期——而且很快就会到期。

面临自动化威胁的运输工作

职业	工作总数［美国劳工统计局（BLS），2015年5月］	自动化替代权重区间	受威胁工作数量区间
巴士和城际公共汽车司机	168 620	0.60 ~ 1.0	101 170 ~ 168 620
轻型卡车或送货服务司机	826 510	0.20 ~ 0.60	165 300 ~ 495 910
重型卡车和货柜车司机	1 678 280	0.80 ~ 1.0	1 342 620 ~ 1 678 280
校车或特殊客户用车司机	505 560	0.30 ~ 0.40	151 670 ~ 202 220
出租车司机和私人司机	180 960	0.60 ~ 1.0	108 580 ~ 180 960
个体司机	364 000	0.90 ~ 1.0	328 000 ~ 364 000
工作总数	3 723 930		2 196 940 ~ 3 089 990

资料来源：BLS、威望经济公司

FI 未来研究所

图4-6 面临风险的运输工作[15]

即使运输业的工作岗位会消失——事实也是这样——这些变化仍存在一些有利的影响。在最基本的层面上，自动驾驶汽车似乎更安全，因为它们在驾驶时不喝酒、不发短信、不睡觉，也不分心。据估计，自动驾驶汽车每年可挽救33 000名美国人的性命。[16]

此外，运输自动化还具有一个固有的经济发展组成部分。吃面包时，我们并没有因为所用面粉并不是由磨坊工人在当地乡村磨坊中使用风力或水力石磨研磨的而感到惋惜。有一天，当卡车能够实现自动行驶，而且“卡车司机”已不再是一个常见的职业时，我们可能也不会为此哀叹。我将在第5章探讨车辆自动化带来的其他一些上升潜力。

现在，让我们看一下除了运输业以外“机器人敌托邦”风险还能从哪些方面影响高技能含量、高教育程度和高收入水平劳动者：金融。一些未来学家如杰瑞·卡普兰（Jerry Kaplan）曾指出，“信息技术的进步正在怒不可遏地从本质上摧毁某些行业和工作，其发展速度要远远超过劳动市场能够适应的速度，而更糟糕的还在后面”。[17]卡普兰还指出，“硅谷企业家的圣杯是颠覆整个行业——因为这样才能够赚到大钱”。[18]

然而，无论如何，在其他方面通过自动化和颠覆性变化获得的财富都无法与运输业相提并论。最大财富将来自于对货币本身的颠覆。在传统金融服务中，如在华尔街上，机器人已经兵临城下。

这种颠覆性变化甚至有一个术语："FinTech"，也就是金融科技的简称。

是的，机器人是为了完成低技术含量、低收入、低学历的工作而产生的。但是，它们也会从事其他工作，就像不久前我才知道它们也可以用来"挖矿"。

机器人的到来可能悄无声息

我第一次听到"金融科技"这个词是在2016年5月阿米莉亚岛（Amelia Island）举办的亚特兰大联邦储备银行金融市场会议上。在这次年会上（我已经参加了7届），大约100位世界顶级经济学家受邀与地区联储银行总裁、政府监管部门、学术界和（经常会出席本会议的）美联储主席讨论当今最热门的经济、货币政策和财政政策问题。

在这次重要的会议上，我和一位相识多年的美联储记者缺席了一些研讨会，跑去享受佛罗里达州五月初的宜人天气。我的朋友则跟另外一位金融科技专业的记者在一起。当时，对于"金融科技"这个词，我闻所未闻，所以天真地问："那是什么意思？"这位记者告诉我，金融科技是“类似于比特币之类的东西”。我只知道比特币是一种电子货币，其他的一无所知。直到几个月后，当我为威望经济公司招募销售人员时，我才开始思考那段谈话的含义。合适的人才很难找，高素质的人才也陆陆续续离开公司，可我并不知道原因。

最后，一位资深的销售人员告诉我，大家之所以会退出金融市场研究领域是因为“金融科技”。机器人正从根本上颠覆研究领域的工作。得知“金融科技”正在颠覆我的业务之后，我决定在麻省理工学院学习金融科技课程，以尽可能多地了解它。总之，机器人已经开始替代我的工作，而我却一无所知。

FinTech是金融科技的流行语，它代表很多旨在颠覆传统金融机构（以及与其抢夺重要资源）的企业。金融科技公司一般会减少此前属于银行领域的交易成本，降低其复杂性或提高易用性。

金融科技正在影响着金融服务，越来越多的人已经开始认识到这一点。图4-7中是2016年杰克逊维尔（Jacksonville）机场悬挂的海报，我在参加美联储会议并第一次听到“金融科技”这个词时就曾到过这座机场。但是，杰克逊维尔并非金融科技中心。因此，这张海报的存在已经暗示我，人们已经越来越重视工作、金融科技和智能理财（Roboadvising）的自动化情况。而当时正好是2016年5月。

图4–7　美国佛罗里达州杰克逊维尔机场的机器人工作[19]

长期以来，资产管理一直由计算机、统计分析和编程所主导。由于金融科技的自动化（即机器人式）性质，金融科技一直在破坏采用被动交易策略［其中一些策略称为智能理财（Roboadvising）］的资产管理。那么结果如何？资产经理丢了饭碗，资产管理遭到破坏的可能性非常大（见图4-8）。

在电影《华尔街》中，哥顿·盖柯（Gordon Gekko）问巴德·福克斯（Bud Fox）："你有没有想过为什么基金经理不能击败标准普尔500指数（S&P 500）？"随着交易所交易基金（ETF）的出现，基金经理和散户投资者只能购买标准普尔指数（和其他指数），这也是他们迄今为止一直做的事情。而且，很多交易所交易基金的流通性都很高。

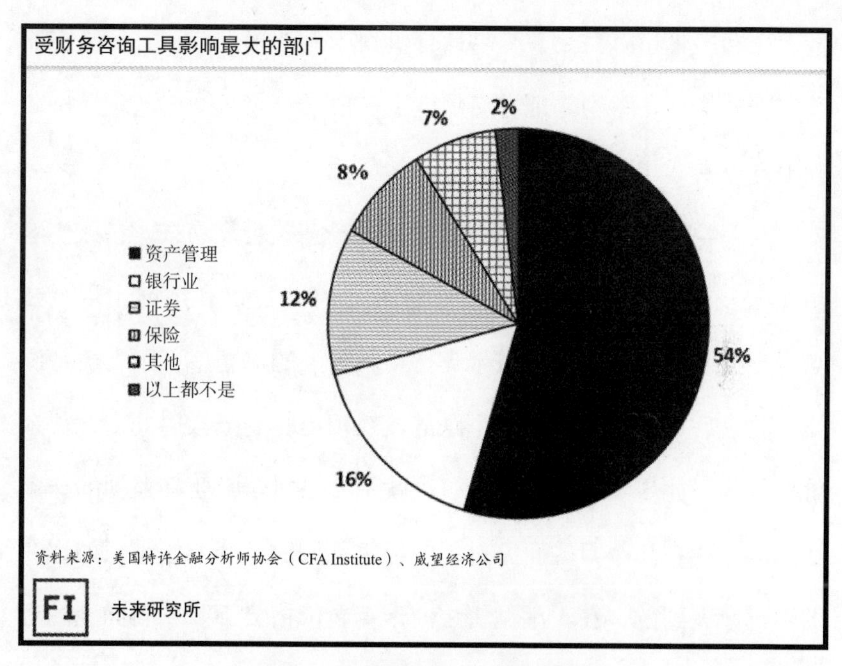

图4-8 金融科技对财务咨询的影响[20]

被动资产管理技术和“智能理财”往往比主动资产管理更为简单和廉价。与主动资产管理策略相比，由于这些被动资产管理策略不再需要人类作为资产管理者，因此其实施成本显著降低。当计算机程序开始进行所有的策略工作、分析和规划，以及所有的证券买入卖出时，就会产生规模经济。

历史上一直接受新技术的金融和交易等领域也采用了被动资产管理，其中很多公司多年来都采用了“黑箱”、算法和技术交易策略。由于计算机制定决策，所以再也不用在诸如市场调研等昂贵事情上花费预算了。然而，交易计算机程序无法读出单词。但是它们确实喜欢线——特别是证券交易价格在很长一段时间内一直保持在其上方（或下方）的线。

从图4-9中，你可以看到黄金价格及一些关键交易技术参数。这幅图向我们展示了自2015年12月到2016年9月底，在适时出现（并获得支持）的不断上升的技术支持（斜向上的对角线）下，黄金价格在收盘后是如何大幅迅速下跌的。在相当长的一段时间内，黄金价格都高于此界线。这是计算机也就是交易机器人正在监视的一条线，也是我在几个月的研究过程中经常强调的一个水平。正如你在图中可以看到的，在大举抛售之前，黄金价格会下降到斜向上的对角线以下。

从本质上说，一旦黄金价格跌破某些关键的交易线，你就会看到市场上的技术交易员会迅速地抛售黄金。

如今，技术交易变得越来越重要，因此分析师们一直在了解不同市场中对于计算机最重要的线和支撑，以便获取更大价值。这就是近年来获得注册市场技术分析师（CMT®）资格的金融专业人员数量显著增加的原因所在。注册市场技术分析师——我在2016年获得这个资格——专门关注这类技术交易动态。从本质上讲，你寻找的是市场上的计算机。我预计，这些交易动态会随着被动资产管理和"智能理财"的不断增长而变得越来越重要。

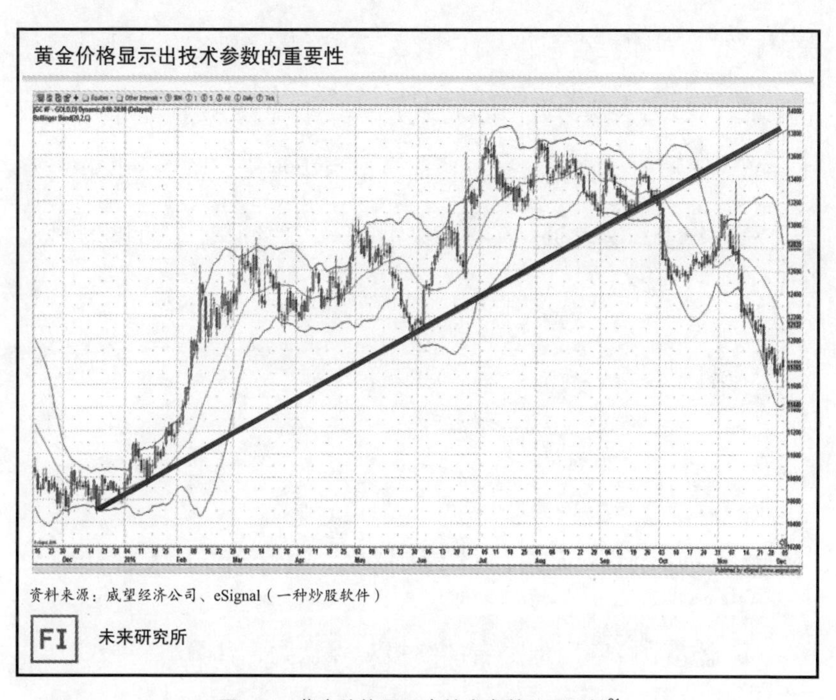

图4-9 黄金价格显示出技术参数的重要性[21]

“机器人敌托邦”认为：人们会毫无目标地活着

运输、金融和其他工作面临着自动化的风险，但“机器人敌托邦”倡导者已经走向极端，他们认为，将来人们会毫无目标地活着。但是，我预计人们能在接下来很长一段时间里找到工作。原因在于自动化“可能”发生并不意味着它“将要”发生。技术需要花费很长的时间才能得到普及。毕竟，2017年还有7.83亿人不能享用洁净水，[22] 25亿人缺少适当的卫生条件，[23] 12亿人用不上电。[24] 这些地方的技术相对来说比较落后，而且世界上很大一部分地区仍然处于欠发达阶段，这表明，在接下来很长一段时间里，人们都能找到工作。

"机器人敌托邦"认为：计算机将会胡作非为，肆意横行

"机器人敌托邦"倡导者的终极观点认为，计算机将会胡作非为，肆意横行，摧毁全世界和全人类。这种观点正是每一部"机器人敌托邦"主题电影的灵感源泉。虽然有一些需要注意的因素，但是"机器人敌托邦"的主张过于极端。

微软曾试图让其人工智能（AI）宠物Tay通过推特接触世界，但结果确让所有人失望不已，这足够引起我们的重视。仅在不到一天的时间里，Tay便学会了一些不好的东西，像种族主义、激进的反犹主义及其他各种未经过滤的"负能量"。[25] 这个项目自然很快便被关闭了。因此，我也预计人们再次让人工智能进入公众生活尚需时日。计算机将肆意横行的风险是一个真正的问题，它强调对项目、

流程和计划管理技能日益重要的需求。这一话题将在第9章进行广泛的讨论。

“机器人敌托邦”——当心：纽约几乎已经达到自动化巅峰

在我们抛开“机器人敌托邦”的话题之前，我想分享一下自己的故事。2016年秋，我参加了媒体和客户的纽约之旅。也许是因为我在写这本书，因此我注意到自动化和机器人技术在纽约所发挥的重大作用。

我运用自助式信息机（kiosk）住进了新概念旅馆（Yotel）（是的，你没看错）。然后，在自动取款机上取钱后在街对面的便利店（CVS）买了食品。一天一夜的会议结束之后，我结账离开了酒店，把行李寄存在名为Yobot的机器人（如图4-10所示）那里。接下来，在那天的晚些时候，我从机器人手中取回行李去了机场，并用平板电脑点了寿司，期间没有和任何人交流。除了会见的客户和记者外，我的行程充斥着自动化技术。显然，纽约的劳动力成本非常高，因此那里的自动化可能十分合理。

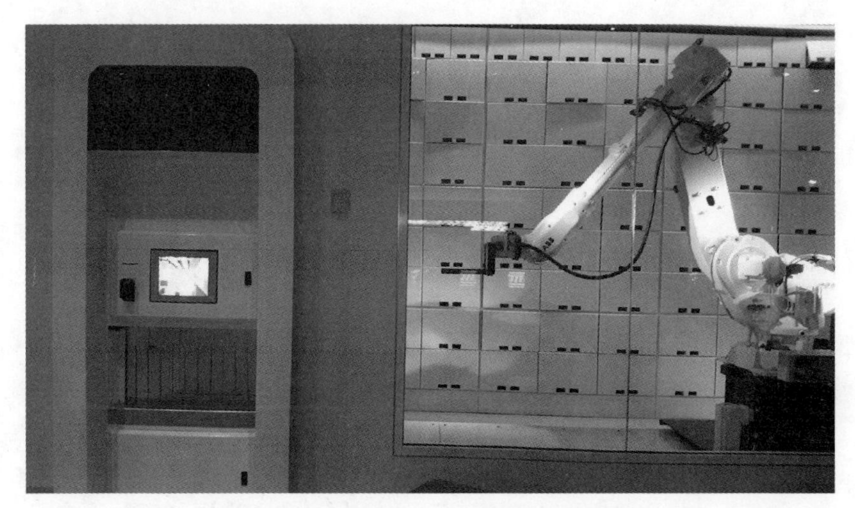

图4–10　未来的行李员，纽约市的"Yobot"[26]

鉴于一路上充斥的自动化技术，我在想这是否可能就是"机器人敌托邦"即将到来的信号。不过，我觉得把机器人行李员比喻成"机器人敌托邦"的天启四骑士之一是否有些过分。

然而，我仍然想知道当托皮卡、坦帕和奥斯汀达到这种自动化和机器人技术水平时会发生什么。我认为达到投资回报率（ROI）可能需要一段时间。

某些税收政策有可能会加速自动化的进程，因为这些政策会鼓励雇主减少劳动力的使用。正如你将在第6章中看到的，随着激励措施的增多，雇主开始使用自动化技术完成那些技术含量较低的工作。用较高的工资税来资助无资金支持的权益，加上员工医保费用的上升，以及可能出现的提高最低工资的法律，各种毁掉大部分工作的税收激励措施，这些风险都可能加速原本不必要的“机器人敌托邦”的到来。

得克萨斯州人人皆知

2016年，当我开始写这本书时，我认为自己是少数几个关心自动化、机器人和未来工作问题的人群之一。据我所见，这是某些高管和行业集团的看法，而我在过去一年中曾与他们进行过对话。但事实上每个人都在思考这个问题，而且人人皆知。不仅是我，也不仅是首席执行官。每个人都如此。

我是在奥斯汀生活和工作的得克萨斯人。得克萨斯州人人皆知奥斯汀是重要的科技中心。但大多数人并不知道，未来工作这一话题已经深入到了得克萨斯州的核心地带。

我第一次见到图4-7中的图片广告是在杰克逊维尔机场，之后我又见到了一则类似的广告。要知道，图4-11中的广告并不在佛罗里达州，而在得克萨斯州。我经常会问我的团队成员，你们觉得2016年7月这张海报挂在哪里。

图4-11　得克萨斯州的机器人工作[27]

我告诉他们，这则广告悬挂在得克萨斯州的机场，我问他们，你们觉得得克萨斯州哪个地方的智能理财、FinTech、自动化、机器人和人工智能学科最热门。我请他们告诉我，他们认为这张海报挂在哪里能引起当地居民的共鸣。他们猜测是奥斯汀、达拉斯和休斯敦。但他们永远猜不到真正的答案：阿马里洛（Amarillo）。

言外之意很清楚：得克萨斯州人人皆知。现在你也知道了。

第5章

『机器人乌托邦』

对未来工作的积极作用

在最纯粹的“机器人乌托邦”世界中，机器人会做所有的工作，人们将会有大把大把的空闲时间。要想回溯到其中一个最初的乌托邦幻想中，就不得不提16世纪托马斯·摩尔（Thomas More）所著小说《乌托邦》一书中所写的“描述了一种贫困和绝望等社会丑恶现象已经被消除的理想状态”。[1] 事实上，许多人都以这样的方式提到过“机器人乌托邦”的到来。

对于一些人来说，这种拥有完全彻底空闲时间的世界还附带了意外之财，人们常常亲切地将它称为“全民基本收入”（UBI）。在第7章，我将与大家分享，为什么完全“机器人乌托邦”可能并不会让大家称心如意，以及它为什么会带来一些社会问题。现在，让我们将焦点集中在自动化真正能够实现的正面发展潜力上。

“乌托邦”源于希腊语，意即“乌有之乡”。自动化和机器人很可能会迎来一个完美的“乌有”世界；机器人之弥赛亚时代将不复存在。但是我们仍会迎来众多的好处和优势！

机器人会带来自由

在自动化时代，人们将有更多的自由时间，他们将有更多的行动自由，在商品和服务方面，他们将有更多的选择自由。另外，今天昂贵的东西在未来会变得更为廉价。首先让我们看一下自由时间。

工作自由时间

机器人和自动化很可能会腾出你的工作时间。根据麦肯锡全球研究所的研究，62%的职业所进行的30%的活动可以实现自动化[2]（见图5-1）。但只有1%的工作被认定为已经实现了全自动化。因此，工作场所内自动化程度的提高并不意味着人们会被迫失业。1978年，秘书工作在21个州中都是一种主要职业，甚至我本人也在20世纪80年代末学习过打字课程。而今天，我们所有人都拥有秘书的打字能力。更高程度的自动化能够让我们腾出更多的时间进行更有趣、更丰富、生产效率更高且更加挑战智商的工作。

在麦肯锡称之为"自动化潜力最高的活动"中，前三种活动是"可预测性体力活动"、"处理数据"和"收集数据"，分别占81%、69%和64%。[3] 分析数据比收集数据更重要，而仓库和工厂的体力活动几十年前就进入了自动化时代。然而，仍然有较多的体力工作可以实现自动化。在任何情况下，无论是体力工作还是与数据相关的工作，将枯燥的工作自动化都会让劳动者腾出时间进行更有价值的活动，如战略规划、项目管理和批判性思维。

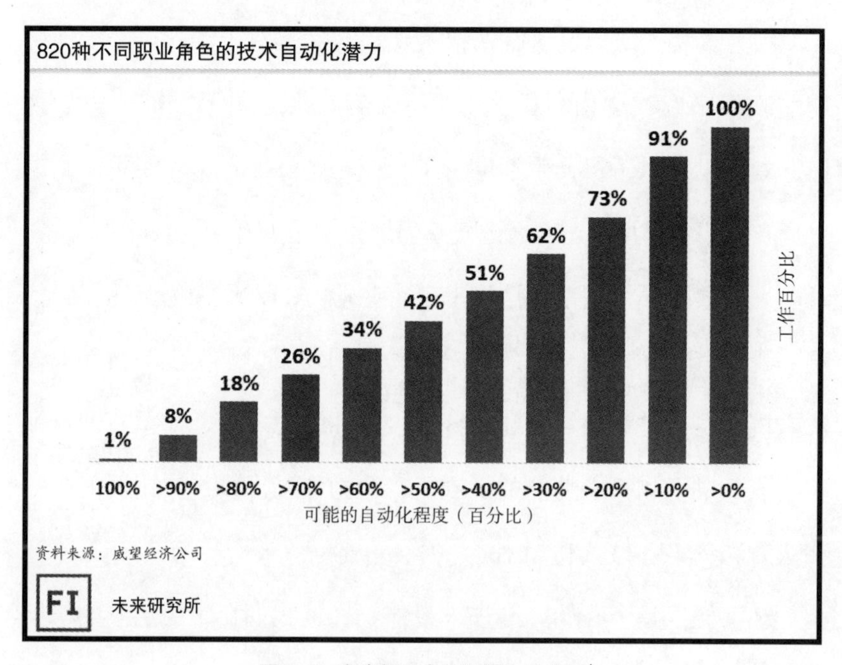

图5-1 麦肯锡对自动化潜力的分析[4]

在家自由时间

除了腾出工作时间之外，机器人和自动化也应该解放个人时间。最近我看到一幅名为《无尽的故事》的图。这幅图分为两层画面。上层画面是电影《幸运龙佛克（*Falkor the Luck Dragon*）》中像狗一样的幸运龙佛克，上方写着“孩提时”这几个字。底层画面是一大堆脏衣服，上方写着"成年时"这几个字。[5]

因为真实，所以说这幅图很有趣。当然，对于洗衣机未出现之前的人们来说，这幅图显然就不那么有趣了。对于欧洲的人们来说，如果没有烘干机，生活也少了一些乐趣。但是，你能想象到把一桶衣服放到河里洗过之后还要吃力地搬桶是怎样的场景吗?

大多数时候人们都会这样——有些地方的人现在仍然这样。但是，我没有看到过谁会抱怨洗衣自动化的发展。事实上，目前很多洗衣机都可以清洗、烘干和折叠衣物。你能想象到，如果有一台拥有洗衣、烘干和折叠功能的洗衣机，会为你腾出多少自由时间吗?我认为这着实节约了不少时间。

这可能只是个开始。与未来工作一样，我们日常生活中的机器人主要从事着那些最令人不愉快或最困难的工作。机器人技术界的专家开玩笑说，人们已经等不及清洁浴室的编程机器人的到来了。[6]这是清单上排名最靠前的事情，它的位置甚至高于换灯泡——甚至还可能高于洗衣服。

利益最大化：机器人云计算

丰田研究所首席技术官詹姆士·库夫纳（James Kuffner）在

2016年9月加利福尼亚州圣何塞的机器人商业大会（RoboBusiness conference）上发言时指出，未来50年最重要的机器人发展目标就是研发云机器人。[7]同样，应用程序、自动驾驶汽车和其他技术可以学习并反馈给集中式云端，以改进所有连接设备的性能，同样的情况也可能发生在机器人身上。

随着云计算的使用，我们不再需要单独培训机器人。它们可以下载一个程序，在单机上学习课程，并将结果上传，与整个云网络的其他机器人共享。

未来学家库兹韦尔（Kurzweil）称，“机器能够以前所未有的方式综合利用其资源”。[8]它们能够在云端集中汇总经验，相互学习，从而加快技术的进步。

为你节省逛五金商店的时间

一些零售店的行情不如现货零售。五金商店就是一个很好的例子，因为这里的商品往往大而笨重，而且很沉的重物件成本相对较低。另外，如果你和我一样，就会遇到店员的喋喋不休：商品摆放在商店两头，需要锤子吗？锤子在第3排或第58排。需要烟雾探测器吗？烟雾探测器在第14排或第31排。

这无疑就是五金器具连锁店劳氏（Lowe）公司开发一款面向客户的机器人的原因之一，图5-2和图5-3为该机器人在商店工作的场景。在指引顾客到达商品的摆放位置之前，这种机器人可以告诉顾客商品的摆放位置。然而，这种机器人实际上还具有更有价值的功能：它能在商店引导顾客的同时，进行劳动密集型库存统计和缺货监控工作。

图5-2 "LoweBot"机器人[9]

图5-3 "LoweBot"机器人[10]

这样，机器人便可以代替迎宾，以及库管和会计师完成审计工作——从而取代低技术含量和高技术含量的工作。大多数专业会计师不会感到不满。我还没见过会计学硕士生或取得注册会计师资格的人数着装钉子的箱子或捆木头的绳子，就认为自己的综合技能得到了最佳和最高效的利用。我曾经做过审计工作，只需要很短的时间就可以重操旧业。

这便是机器人可能要干的活。事实上，根据世界经济论坛的统计，75%的受访者预计，到2025年，30%的公司审计工作将由人工智能来完成。[11]

2016年9月，在“2016年机器人技术大会”RoboBusiness上，这些机器人刚开始在阿尔法试验中推出。到2017年9月，这些机器人已经在许多商店推出。它们看起来对巨大的视觉屏幕很有帮助，但你可能会发现其中的有趣之处，即这些机器人基本上已经不再提供客户服务功能。

在2017年的RoboBusiness上，我从一些工程师和领导团队那里了解到，他们已经停止使用这些机器人进行客户服务，这是因为它们的库存水平监控功能很有价值，以至于他们不能再去麻烦这些机器人来提供客户服务。

这些机器人两侧装有摄像头（如图5-3中的箭头指向），可以执行审计和库存监控功能。在不久的将来，机器人也可能在其他行业执行类似的功能。

Amazon Go

在技术方面，Amazon Go（亚马逊公司推出的无人便利店）是另一个有可能节省时间的例子。在西雅图概念店（见图5-4），顾客无须到付款台排队就能购买食品杂货。在你拿（或放回）商品时，商店会通过技术手段进行识别，并在你走出商店时，自动对商品收费。

图5-4　Amazon Go[12]

或许，你喜欢逛逛杂货店，因为你——与我和其他所有人一样——本质上都是拜物者。你想去买东西，而且你可能更喜欢亲自购买食品，因为这是一种成果，你想看到并触摸它，然后再购买。

虽然越来越多的零售业开始上线，但是餐馆、餐饮和杂货店一直是实体零售经济的重要组成部分。但这一点也正在改变。

由于杂货店售货亭很大程度上就是一种失败，因此全自动购物和即时结账能够让我们节约很多时间——正如食品外送一样。

对零售商的好处

这类商店的零售商也能从中获得巨大的潜在好处，因为它可以减少偷窃和浪费。对于购物者而言，不付钱就离开商店貌似很难，因此偷窃风险有所下降。同时，由于存货可以实时监控，进货可以通过适时订货完成，因此减少了浪费。

在零售业中，偷窃和浪费——称为“损耗”——是杂货店的主要成本消耗。事实上，2015年佛罗里达大学的一项研究表明，杂货店和超市都报告了“零售业的平均最高损耗率”。[13] 超市报告的平均损耗率为3.23%，而体育用品和娱乐零售商的平均损耗率为1.17%。[14] 减少损耗将是重中之重。通过食品外送和Amazon Go等类似的技术，可以解决这个问题。这两种技术既可以节省客户时间，又有助于防止所有者的损失——降低成本，提高利润。

深度策划或产品

除了Amazon Go电子书店，2017年亚马逊还开设了一些实体书店。2017年5月，我有机会来到位于曼哈顿的一家书店参观（见图5-5）。它和我以前到过的书店都不一样。区别就在于选取的读物都经过高度的筛选和策划。

图5-5　Amazon书店[15]

书籍的数量相对较少，但每一本的评价都很高。此外，所有书籍都是面朝外摆在书架上的，而且相邻两叠排名较高的书之间都有很大的空间。书脊上没有杂乱的东西，很容易就能找到东西。所有书籍都面朝外摆放，并且书籍下方正对着读者的地方都有真实的人（凯西、埃德、汤姆等）撰写的五星评论。这让人有一种异样的感觉，而且这一次参观的经历暗示了未来文学作品的文化策展可能会按照电影设定的策展趋势发展。你是否注意到，2017年的很多电影都是续集、重拍或系列电影的一部分？

现在想象一下，书籍和文学作品具有相同的意向性策展水平，在书店里，你将只能找到带100个以上五星评论的书。这样会让离奇而有趣的文学发现之旅荡然无存，还可能导致文化同质、缺乏个性、平淡乏味、迎合中间趣味。这似乎才是真正的负面风险。

高策展产品——物联网（IoT）接入的含义

在物联网世界，可以将客户决策从人转移到“物”并应用到产品策展中。IoT代表物联网。如今我们拥有了一个由计算机、智能手机和桌子组成的互联网，这些设备可以连接到互联网。但将来其他东西也会连接到互联网。这种现象已经开始在家庭中迅速扩散，也就是现在所称的“智能”（smart）。

“智能”家庭系统，如Nest、集线器和Alexa代表了物联网的第一次零售浪潮。物联网必然会延伸到设备上，最终直接连接到互联网，为你做出购买决定。作为长期合同的一部分所提供的深度策划产品可能成为首选。

未来，冰箱里的牛奶、汽车的机油滤清器和家里的灯泡都有可能按长期协议进行提供，就像现在的签约机一样。从本质上讲，决定可能作为长期协议的一部分提前做出，人们在购买过程中可以不再需要做决定。这样就能腾出时间，但是也会悄悄地去掉你的选择，而且日后可能会造成合同上的麻烦。

自动驾驶汽车中节省时间

在上下班高峰时段（甚至在非高峰时段），自动驾驶汽车会让你有大量的机会节省时间。你可以高效地工作或放松一下，而不是专注地开车——这一工作机器人会十分乐意代劳。虽然这可能会颠覆运输服务和出租车公司，但这些公司已经因"汽车共乘"应用程序带来的颠覆性变化受到了很大影响。

自动驾驶汽车中实现自由活动

除了节省时间外，自动驾驶汽车还能提供自由活动的机会。因年龄太小或太大而不能开车的人，无行为能力、受伤或残疾的人可以根据需要找到安全的运输方式24/7。自动驾驶汽车技术和产品多年来在一直不断发展，Waymo公司[1]（见图5-6和图5-7）用它的技术手段记录了数百万英里的数据。而特斯拉（Tesla）公司也采取了相同的做法。

图5-6 采用自动驾驶技术的Waymo车辆16

[1] Alphabet公司2016年12月13日宣布将自动驾驶汽车项目拆分为一家单独的公司Waymo。Alphabet是谷歌重组后的“伞形公司”（Umbrella Company）的名字，Alphabet采取控股公司结构，把旗下搜索、YouTube、其他网络子公司与研发投资部门分离开来。（译者注）

图5-7 无须动手：Waymo没有方向盘[17]

根据我自身的经验，自动驾驶汽车技术似乎已经做好了上路准备。事实上，我希望我的下一辆车将会是自动驾驶汽车——我现在的汽车是一辆2008年生产的汽车。

有几家公司正在研究自动驾驶汽车，许多人认为这种汽车可以在软件即服务（SaaS）模式的基础上以车队的形式提供服务。正如《经济学人》中所指出的：

> "汽车业……在未来会提供越来越多的'运送服务'，而不是销售'四角有轮的盒子'。经营一个能够提供自主或共享乘坐服务的车队看起来很像未来的潮流——而这很可能带来十分丰厚的利润。"[18]

自动驾驶汽车SaaS模式面临着一项重大挑战。因为我的妻子很快就注意到：人真是太多了。

你已经听说过人们在出租车或共享汽车上与驾驶员近距离地接触时做过的事。如果没有驾驶员，你认为会发生什么？人们会留下什么？垃圾？吃了一半的食物？呕吐物？脏尿布？如果小孩在去足球场练习足球的路上在车里大小便怎么办？

我的意思是，你想在“饕餮星期四”的晚上在大学城里开着一辆自动驾驶汽车吗？

我肯定不想！

为人类创造就业机会

自动驾驶汽车可以实现自动调度，并且可能有办法对车队车辆进行自动加油/充电。然而，鉴于上述实际问题，车内人员监控、车辆清洗和切断电源（如果是极端粗鲁的）等工作可能需要由人来完成。

另一方面，这将创造就业机会。一个人可以同时远程监控多辆不同的自动驾驶共享汽车。但是，问题的关键是：驾驶人员需要被监控，而人们可能需要去进行监控。

这意味着，即使可以选择使用车队的自动驾驶汽车SaaS，我也宁愿自己去买一个。毕竟，我想对车子进行一些改装，在上面装上一张可以工作的桌子，一把不错的椅子，一棵小小的仙人掌，一个小书架和我亲爱的宝贝齐吉（chigi）的狗窝。难道你就不想定制一间新的移动办公室/起居室吗？

对无人驾驶汽车的期望

根据世界经济论坛2015年9月发布的调查数据，79%的受访者预计，到2025年，10%的汽车将实现无人驾驶。[19] 而美国能源信息署（EIA）预计到2040年年底美国新型无人驾驶汽车数量仅占总数的1% ~ 6%，世界经济论坛的预测比能源信息署的预测更加大胆。[20]

选择自由

除了节省时间和活动之外，一些技术也会提高人们选择消费的自由。其中一些技术还将从本质上节约你的时间。在图5-8中，你可以看到其中一种选择明显增加的情况：2017年第二季度电子商务占所有零售额的8.9%，而且它还将进一步走高。

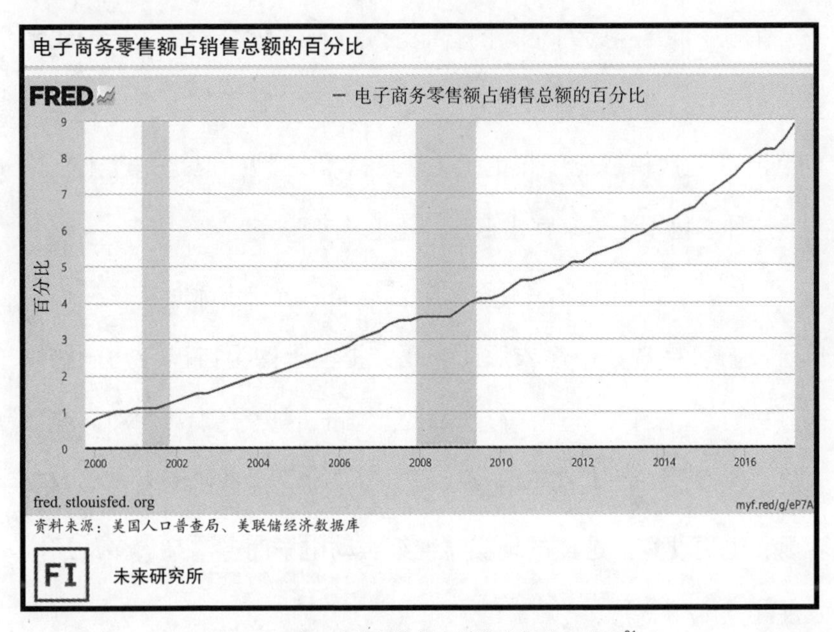

图5-8 电子商务零售额占销售总额的百分比[21]

减少物料的搬运成本

为了满足电子商务快速发展的需求（特别是随着食品进入业务组合），我们需要突破人类能力的极限。从历史上看，分销供应链涉及通过托盘或分批将货物从仓库运送到零售商店的过程，人们会去零售店购置商品。绝大多数零售业仍然属于这个情况，2017年第二季度美国零售总额的91.1%都来自于实体店。

在电子商务中，每个人的智能手机实际上就是一个门店销售系统，无论你身在何处，货物都可以送到你身边。沙发、厨房或任何有笔记本电脑和智能手机的地方就是零售之地。但是，远不止这些。这种零售不止是家庭式零售，还是掌上零售。

例如，旅行时我会将行李提前送达酒店。长途旅行中，在得知自己没有可换洗的干净衣服时，我会提前上网为自己订购一些东西：T恤衫、袜子、礼服衬衫、内衣、领带，甚至还有牛仔靴。我知道很多经常旅行的人都不会这样做。但是，它往往比带着手提箱更容易，也更便宜。这样的现实将继续推动电子商务向高得多的层次发展。

掌上零售业将继续以一种非常积极的方式推动人们对自动化和机器人技术的需要，也会继续推动提供美国供应链、物料搬运设备和技术的能力的发展，以满足不断上涨的需求。

单件流对机器人与自动化技术的需求

物料搬运是在满足家庭式零售和掌上零售不断增长的需求、提高生活质量、改善消费者获取商品方面存在巨大上升潜力的领域之一。塔吉特公司（Target Corporation）供应链专员凯文·弗利特

（Kevin Vliet，拥有25年工作经验，之前就职于特斯拉、亚马逊和福特公司）在最近的一次谈话中向我指出，美国经济“建立的初衷不是为了通过供应链实现商品的单件流”。[22] 换言之，如果我们现在都想要单个的单件订单，那么我们需要意识到，仓库中由人类搬运和打包的东西就会太多。机器人技术和自动化是满足消费者不断增加的电子商务商品需求从而保持商品流通、便宜实惠的唯一解决办法。

“最后一公里”问题

机器人不一定要在零售店里工作，但当零售店变成掌上商店时，你需要机器人来完成“最后一公里”的工作。因此，运输和零售问题便成了“最后一公里交付”的问题。这仍然是可以提高效率的一个领域——将商品从仓库送到人们的家中。这也是自动化“最后一公里”交付优化系统的发展潜力。这一系统可以考虑如何将货物放在卡车上，以及如何将它们从车上卸下来，从而在节省燃料的同时节约时间。

“最后一公里”问题有多种解决方案，但自动化车辆很可能是解决方案中极为重要的一部分。

无人机：未来的“最后一公里”英雄

无人机是自动化交通工具，雷达和激光雷达的发展可能会支持自动化无人机的使用，同样这两种技术也支持自动驾驶汽车。

企业利用工业无人机修复管道等远程基础设施，部署货物进行远程业务操作，或在发生自然灾害时做出快速响应，这突出表明无人机提供的可能不仅仅是比萨、书和洗发水。企业将找到越来越多的使用无人机的方法，提高效率，降低运输成本，减少业务操作的潜在停工时间。RoboBusiness大会上的无人机如图5-9所示。

图5-9　RoboBusiness大会上的无人机[23]

商业无人机战役

未来几年，无人机的使用将明显加快。ABI研究的一些预测显示，到2025年，无人驾驶飞行器（即无人驾驶飞机）有可能从2016年的38亿美元上升到280亿美元左右（见图5-10）。众多领域都将有所增长，但最关键的是商业用途扩大。

沃尔玛和亚马逊最近提交的专利表明，电子商务无人机战役即将打响。亚马逊的专利是一种用于无人机调度的超凡蜂巢结构，而沃尔玛提交的专利是一种采取飞艇设计，用于无人机调度的空中货舱。

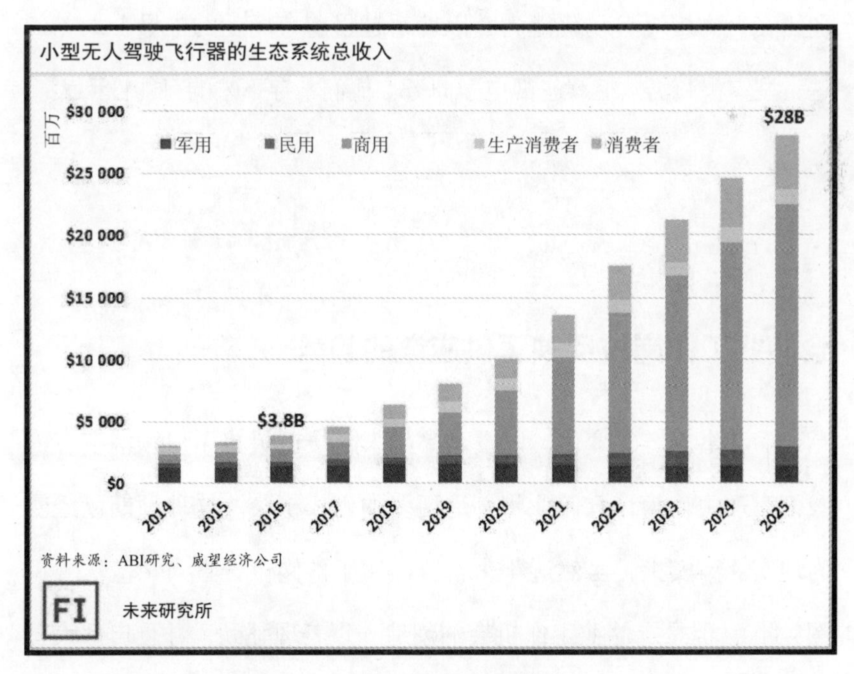

图5-10 无人机部署[24]

传统百货公司正在苦苦挣扎

虽然一些未来电子商务解决方案似乎有一点极端，但未来能够生存下来并立足的零售商需要具备欣然接受自动化、制造技术、数据分割和电子商务的实现核心能力——以及增长和生存战略中必不可少和不可选择的部分。

自《机器人的工作》（第1版）出版以来，已经有很多百货公司陷入破产境地。对于消费者来说，电子商务的前景不容忽视。虽然Amazon和阿里巴巴等一些公司一直处于电子商务革命的前沿，但另一些公司正在努力提高自动化能力，以期超越目前市场上的主导公司。一些大型零售商仍然继续忽视电子商务，他们幸存下来的可能性不大。

仓储业工作岗位反映了供应链的趋势

随着供应链的变化，以及仓库越来越接近最终用户和消费者，我们有理由认为，仓储业将创造更多的工作机会。这种预期已经变为现实。事实上，虽然近年来百货商店工作岗位一直大量流失（见图5-11），但是仓储业工作机会的创造一直表现强劲，并且自"大萧条"以来有了急剧上升态势（见图5-12）。

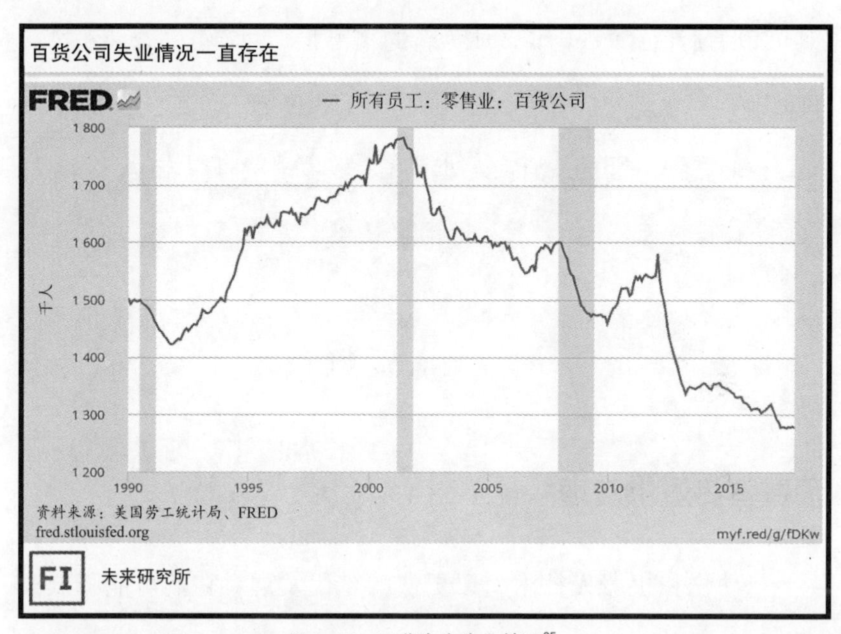

图5-11 百货商店失业情况[25]

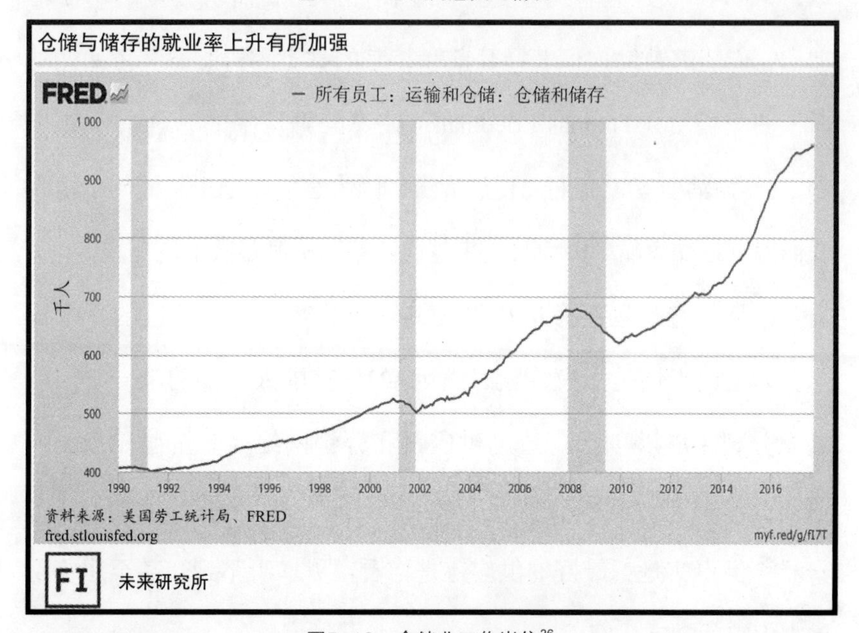

图5-12 仓储业工作岗位[26]

我们预计，随着仓储业成为新的零售业，供应链的仓储和物料搬运部门将创造更多的机会。至于实际零售的工作岗位和商业空间，我们看到由于食品消费无处不在、教育消费有望崛起，餐馆和教育机构正看准时机，填补房地产的空白。

消费者热爱供应链

自动化和机器人技术将以更快的步伐发展。它们可能降低成本，帮助客户更快地获得更廉价的商品。随着需求数量的不断增加，它们能够帮助人们获得目前和将来的掌上零售服务。正如托马斯·弗里德曼（Thomas Friedman）在《世界是平的》一书中指出的，"作为消费者，我们热爱供应链，因为它们以越来越低的价格为我们提供各种商品……而且越来越能够精确地满足我们的需求"。[27]

这是我曾从物料搬运和供应链领域的客户口中听过的一个概念。无论白天还是黑夜，随时满足3.23亿美国人需要的唯一方法就是充分利用能够创造奇迹的供应链和分销网络。弗里德曼指出，"智能、快速的全球供应链正在成为公司独树一帜的最重要的方式之一。"[28] 但事实是：最好的供应链是你看不见、听不到，甚至想不到的。但它就是这么好用。

奇点主义者[1]雷·库兹韦尔（Ray Kurzweil）也认识到了物流的重要性，并指出“计算机集成制造（CIM）越来越多地采用人工智能技术，以优化资源的使用，精简物流，并通过零件及耗材的及时化采购来减少库存”。[29] 在零售层面，当库存减少量较多时，通过进行实时的库存审计及及时提交订单，劳氏机器人（LoweBot）（见图5-2）便可以完成上述工作。Amazon Go也可能对库存进行实时监控，并及时为订单补充产品。售货亭甚至也可能起到作用。

发展自助售货机是个好想法

在我编著的《对抗衰退》一书中，指出最大的职业秘密就是搭头等舱，从而最大限度地增加职场机会。我读过最近的一些网上文章，作者用带有挑衅的语气问道：“坐在头等舱里的人是否都是百万富翁和首席执行官？”我想对那些人说：“是的。他们的确是。”

2016年秋，我正在撰写《机器人的工作》一书，有幸坐在世界最大的非银行自动柜员机（ATM）运营商Cardtronics公司销售部执

[1] 奇点理论是由美国未来学家雷·库兹韦尔提出的理论，“奇点”本是天体物理学术语，是指“时空中的一个普通物理规则不适用的点”。“奇点”现用来指人类与其他物种（物体）的相互融合。确切来说，是指电脑智能与人脑智能兼容的那个神妙时刻。（译者注）

行副总裁托尼·穆斯卡雷洛（Tony Muscarello）旁边。[30] 在3个小时的飞行时间里，我采访了这位自动化领域的专家，他的公司拥有超过20万台ATM。这真是很幸运的一次经历，但如果我坐在经济舱，就不会发生这样的事。

托尼跟我分享了一些重要的想法，让我对自助售货机和其发展前景有了更好的认识。他告诉我的第一件也是最重要的一件事，就是"自助服务革命是真实的"。他直截了当地说ATM和自助售货机的出现满足了顾客需求。随着美国人越来越适应自助售货机，美国的自助服务也会不断地加速发展。因为这些ATM和自助售货机满足的是人们以前没遇见的新需求，所以它们不太可能从人类手中抢走就业岗位。据托尼所说，自助售货机成功的秘诀就在于使用简单。他指出，"先进的功能的确迷人，但是很难盈利"。

一个能够突显自助售货机的好处，功能又简单的ATM案例便是奥斯汀的纸杯蛋糕自动售货机。

未来的ATM

即使未来最终实现了无现金社会，我们仍然需要自动柜员机……

能吐出蛋糕的柜员机。从图5-13的左图中你可以看到一台2017年2月由一家名叫Sprinkles的公司在得克萨斯州奥斯汀安装的纸杯蛋糕自动柜员机。从右图中你可以看到机器人手臂正在抓取和吐出订购的纸杯蛋糕。[31] 虽然现在这种自助服务技术比较罕见，而且看上去十分怪异，但未来它可能会变得越来越普遍。这种一周七天、一天二十四小时工作的自助服务机器人能够在正常的白天营业时间里为人类的就业机会创造有利的条件。

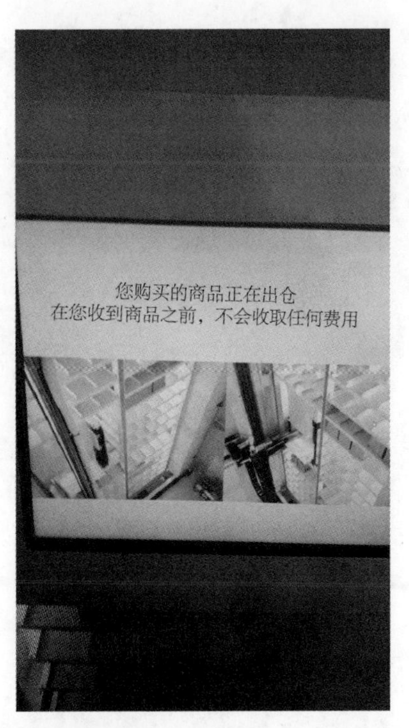

图5-13 纸杯蛋糕24/7——谢谢机器人![32]

大多数经济学家都认为，专门化对企业和经济大有裨益。纸杯蛋糕ATM的例子就证明了这一观点。毕竟，纸杯蛋糕手工师傅的最高价值不是卖纸杯蛋糕，而是制作纸杯蛋糕。纸杯蛋糕ATM只卖纸杯蛋糕。这有助于为从事商业活动的人创造更有意义的工作。毕竟，和卖蛋糕比起来，纸杯蛋糕师傅大概更喜欢做蛋糕。

该系统能够很好地发挥作用，这是因为售货亭并没有执行很复杂的功能。它仅仅需要一个机械臂和某种物料搬运的技术，但它的功能相对有限，只卖纸杯蛋糕。而且它可以出售别人可能不会出售的纸杯蛋糕，这是因为即使在商店关门时，甚至在商店使用绳子以其他方式阻拦顾客时，ATM也会出售纸杯蛋糕。

自动交付系统能够提高销售量，因此在正常营业时间里，由于商店关门时还要销售蛋糕，所以可能需要更多人手来制作更多的纸杯蛋糕。这样，自助服务售货亭不仅创造了更有意义的工作，而且需要额外的人类工作。

随着自助服务革命的继续，纸杯蛋糕ATM提出了发展售货亭的构想，而这十分有利于创造就业。这是因为它们满足了以前无法满足的商品需求。

纸杯蛋糕及其带来的非技术性工作

如果由一家科技公司负责安装纸杯蛋糕ATM，除了创造更好的纸杯蛋糕购买方法之外，还将促进本地经济的发展。随着更多自动化工作的出现，对高科技工作者的需求也越来越大。高科技工作也为其他人带来了更多的工作。据莫雷蒂所说，“把科学家或软件工程师吸引到一座城市引发了乘数效应，增加了当地服务行业人员的就业和工资”。[33] 正因为如此，一个工作能创造出其他工作。

莫雷蒂还指出，制造业的就业乘数是1.6：对于每个创造或失去的就业机会，分别会增加或减少1.6个额外的就业机会。这就是为什么失去制造业工作的地区在经济上会遭受重创。除了失去的每个制造业就业机会以外，它们还会失去另外1.6个就业机会。对于科技而言，影响更为显著。莫雷蒂指出，“对于城市中的每个新型高科技工作，无论是技能型职业（律师、教师、护士）还是无特殊技能型职业（服务员、理发师、木匠），最终都会在高科技行业之外再创造5个就业机会”。[34]

事实上，莫雷蒂认为，“创新行业的就业乘数最大：大约是制造业的3倍”。[35] 正因为如此，莫雷蒂认为，“一个城市或州为缺少技术性劳动者创造就业机会的最佳途径是吸引那些雇用高技能人才的高科技公司”。[36] 高科技工作者会给各行各业带来就业机会。

发展自助售货机：“机器人敌托邦”对阵“机器人乌托邦”

在第4章描述的去往纽约的途中，自助售货机的负面风险似乎像是“机器人敌托邦”即将到来的标志。但是我现在对事物有了更加细致入微的看法。从收入的角度来看，哪里有需求（或有更高需求的机会），哪里就会有自助售货机来完成工作。这些通常是人们可能不想处理或无法处理的工作（例如，凌晨3点卖纸杯蛋糕，或迅速取出装在堆放高度达20英尺的箱子里的寄存行李）。但是，风险仍然存在。这些都与我在第6章讨论的税收政策联系在一起。

人不挥霍自由多

总之，机器人技术和自动化为世界带来的“机器人乌托邦”存在三大部分：

时间更自由；

出行更自由；

商品和服务的选择更多。

这正是《独立宣言》的内容：生存权、自由权和追求幸福的权利。[37] 然而，也正是美国政府这些一味追求生存、自由和幸福而不进行平衡考量的书籍，断送了自动化与机器人的发展潜能，可谓“还未开始就已结束”。如果“机器人敌托邦”冲击劳动力市场，在政府规划不利、权利义务尚未改革的情况下，会造成过度自动化，那么这种场景很有可能发生。售货亭化可能是自动化时代的亮点。但是，如果售货亭化和自动化因财政政策失误而走向极端，那么未来迎接我们的将不是“机器人乌托邦”——而是“机器人敌托邦”。

第6章

如果福利制度不改革将（过度）激励自动化

关于机器人和自动化能够创造及消灭的工作数量，“机器人敌托邦”和“机器人乌托邦”各自的倡导者一直争论不休。但是，双方却可以在一个问题上达成共识，即公司会响应税收激励政策。目前，税收激励的结构化旨在激励自动化扩展至美国总体经济和劳动力市场上可持续的方面之外的领域。以下三个关键因素共同创造了一场完美的税收激励风暴，加速了自动化进程，而人类可能会因此而“出局”：

美国国债；

福利；

人口统计数据。

如果不进行福利体系改革，随着时间的推移，不断增加的政府债务和不断变化的人口统计数据将会导致两个结果，即加速自动化和减少就业机会。

国债

美国国债是问题之一，而且越来越严重。将近20.5万亿美元的国债不是一笔小数目。事实上，生活在美利坚合众国的每一个男性、女性和儿童都要平均承担将近62 800美元的国债。[1] 可以说是债台高筑了！

如图6-1所示，美国国债上升的步伐已经加快。历经205年的时间，美国国债于1981年10月突破1万亿美元。[2] 然而，之后仅不到5年的时间，国债便于1986年4月翻了一番，达到2万亿美元。[3] 在最近的9年里，美国国债又翻了一番，部分原因是大萧条造成的经济"余波"。[4]

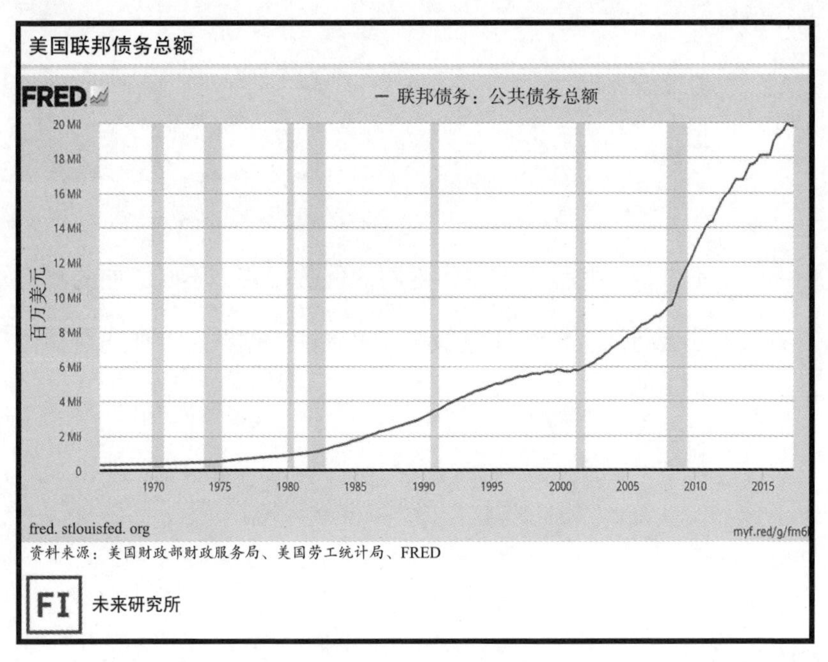

图6-1 联邦债务总额[5]

虽然没有美国债务总额的趋势那样明显，但是从大衰退开始，债务占GDP的比率也急剧上升（见图6-2）。按国内生产总值或GDP

衡量，国债过高造成的主要负面影响之一就是它会成为未来美国经济增长的潜在阻碍。此外，加重的债务风险敞口随着时间的推移也会增加，并且会因为未偿还的政府债务利息而加剧。

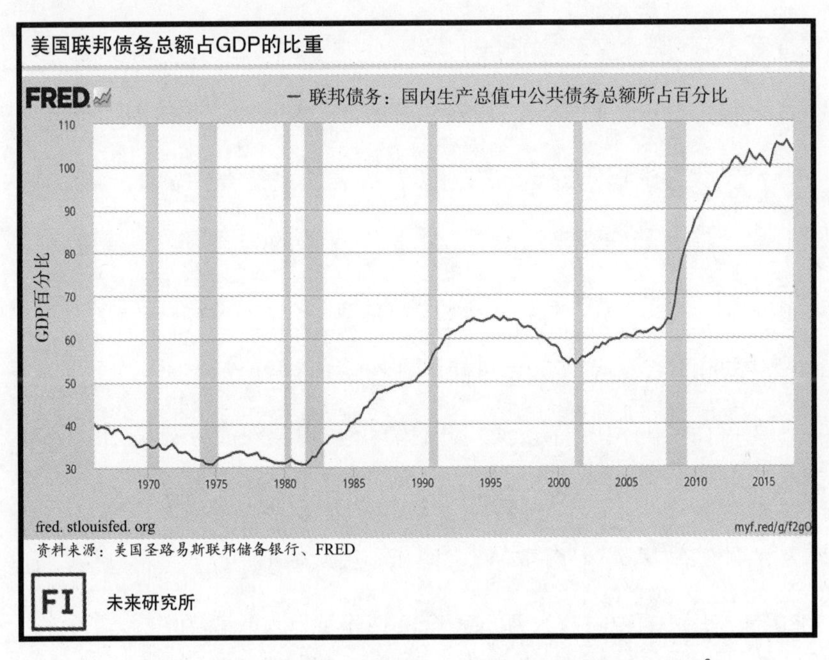

图6-2　美国国内生产总值（GDP）中联邦债务总额所占百分比[6]

不幸的是，美国的国债数额很大，而美国的财务状况却更为严重，在未来几年可能会使美国的债务问题复杂化。简单地说，福利对未来美国政府债务水平和美国经济增长构成了最大威胁。

福利

美国福利包括医疗保险、医疗补助和社会保险。它们的资金来源是劳动者的工资税。工资税与所得税相互独立，如果财政政策发生变化，所得税税率可能会下降，而工资税反而会一路上涨。可见，福利资金不足的情况很普遍。

全球所有主权债务总计约为60万亿美元。[7] 这是世界上所有国家政府累计持有的债务。然而，没有资金支持的美国福利规模可能是其3倍以上。真实情况是：资产负债表外缺少资金支持的医疗保险、医疗补助和社会保险义务，可能达到200万亿美元。[8]

从存在性的角度看，该水平的资产负债表外债务对美国经济构成了威胁。美国传统基金会根据从美国国会预算办公室获得的关于福利的计算结果创建了图6-3，图中所反映的情况看上去很悲惨。到2030年，美国的税收收入基本上全部用于福利和国债利息。

虽然福利义务已经成为迫在眉睫的潜在灾难，但我们缺乏面对这些挑战的政治意愿。福利改革对未来的工作至关重要。未经改革的福利为劳动力市场带来了"机器人敌托邦"的最大风险。如果不进行改革，工资税会上涨，雇主、雇员和自由职业者将失去工作动力。

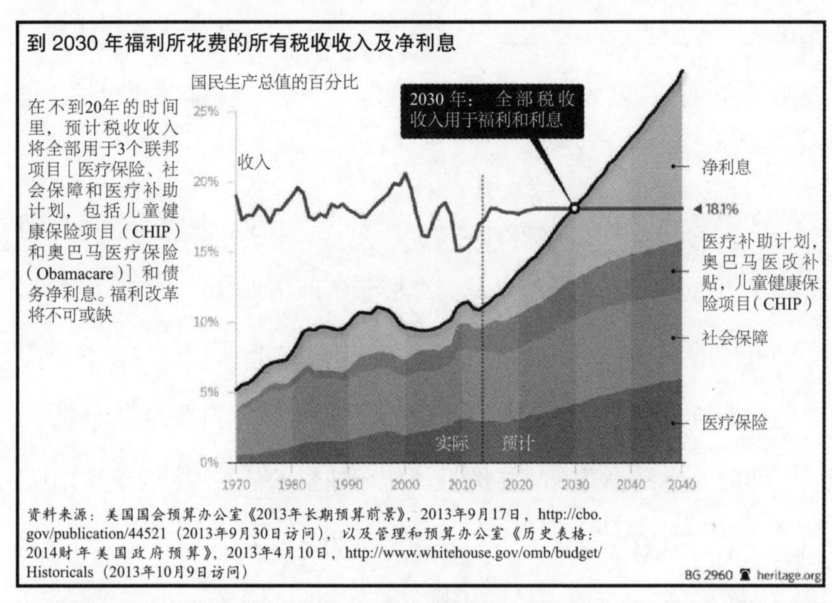

图6–3　福利所花费的税收收入[9]

美国社会保险之父

一部分福利问题是由福利的来源引起的。美国社会保障署网站将奥托·冯·俾斯麦（Otto von Bismarck）誉为美国福利之父。这一称号没有送给林登·贝恩斯·约翰逊（LBJ）、富兰克林·德拉诺·罗斯福（FDR）和伍德罗·威尔逊（Woodrow Wilson），而是给了俾斯麦——一位普鲁士君主主义者。这未免也太不合时宜了吧？

无论是普鲁士人还是君主主义者都很少见，但奥托所建立的体系至今仍然存在。俾斯麦的肖像甚至登上了美国社会保障署的网站（见图6-4）。

俾斯麦是一位以“现实政治”著称的政治家，现实政治是以实用主义为根基，促进国家自身利益增长的政治理念。对他来说，福利是好用的权宜之计。不幸的是，现在情况不同了。如今，有迹象表明，福利会摧毁美国经济，迎来劳动力市场的“机器人敌托邦”。

俾斯麦体系也具有可持续性。他所建立的体系保障了德国70岁以上劳动者享有养老金。但是，19世纪80年代末德国人的平均预期寿命仅为40岁。[10] 换言之，估计很少有人能够享受到福利，因此该计划的成本可以忽略不计。

图6–4　社会保险之父
奥托·冯·俾斯麦[11]

俾斯麦操纵着福利，可以毫不费力地用它击碎自己的政治对手。但目前美国的福利系统是缺少资金基础的负债，很可能摧毁整个经济，最终迎来劳动力市场的“机器人敌托邦”。另外，由于许多美国人在很大程度上依赖于收入福利（见图6-5），因此固定福利使人们陷入了两难的境地。

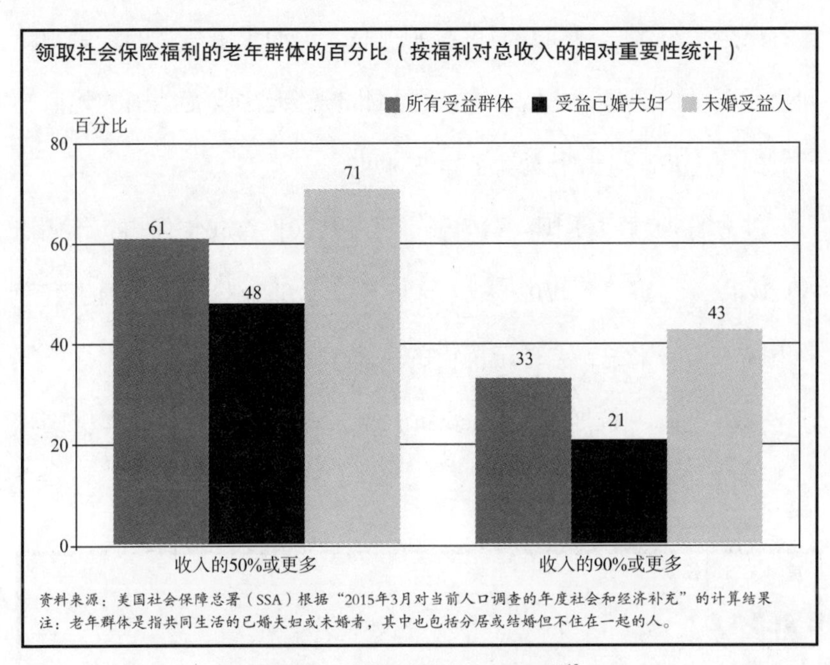

图6-5　社会保险对收入的重要性[12]

但是这个体系是如何瘫痪的？俾斯麦本来办了一件好事，但是究竟发生了什么？

这个答案可以用一个词来回答：人口统计数据。

人口统计数据

美国人口增长急剧下降，人口组成变化似乎势不可挡。再者，随着出生率下降，预期寿命也有所提高。这加重了福利的资金短缺问题。更糟糕的是，总统、参议员和州长都无法改变美国的人口统计数据。这并不是一个人就能解决的问题。

过去的3年里，美国人口增长率已经从20世纪50年代和60年代初的1.5%以上，下降到仅0.7%（见图6-6）。这部分归功于美国生育率的下降。总的来说，全球范围内的生育率一直在下降，但据人口统计学家乔纳森·拉斯特（Jonathan Last）称，美国的生育率仍比较高，为1.93%。[13]

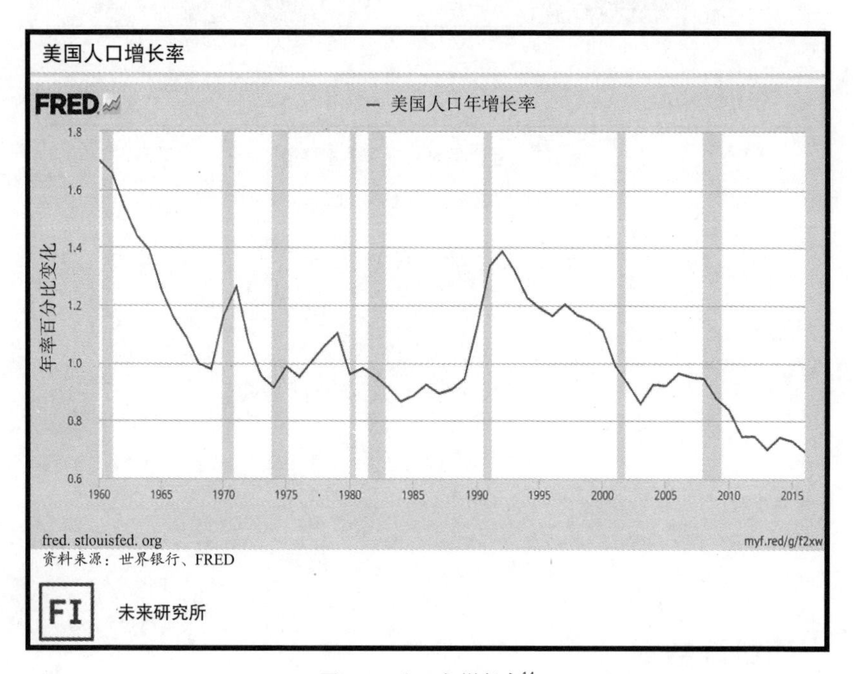

图6-6 人口年增长率[14]

然而，拉斯特（Last）称，尽管与其他工业化国家相比，美国的总生育率相对较高，但仍低于维持人口所需的2.1%“黄金数”。[15]

这给福利制度的维持带来了重大困难。毕竟，福利体系在1940年运作良好，当时每位福利受益人对应159.4名劳动者（见图6-7），但2013年这个数字下降到仅2.8，这给社会福利带来了很大的挑战。此外，到2040年，很可能会下降到每位受益人对应2个劳动者。[16]

工人与福利受益人的比率相当低

年　份	涉及工人（千人）	受益人（千人）	比　率
1940	35 390	222	159.4
1945	46 390	1 106	41.9
1950	48 280	2 930	16.5
1955	65 200	7 563	8.6
1960	72 530	14 262	5.1
1965	80 680	20 157	4.0
1970	93 090	25 186	3.7
1975	100 200	31/123	3.2
1980	113 656	35 118	3.2
1985	120 565	36 650	3.3
1990	133 672	39 470	3.4
1995	141 446	43 107	3.3
2000	155 295	45 166	3.4
2005	159 081	48 133	3.3
2010	156 725	53 398	2.9
2013	163 221	57 471	2.8

资料来源：SSA、威望经济公司

FI　未来研究所

图6-7　工人与社会保障受益人的比率[17]

由于出生率下降，预期寿命上升，福利体系受到来自两个方面的夹击。一方面，自1889年俾斯麦在德国实施福利体系以来，美国的预期寿命翻了一番——从约40岁上升至80岁。另一方面，享受福利的年龄实际上已经从70岁下降至65岁。除了有资格享受福利的人口不断上涨之外，支持老龄人口所需的医疗费用也出现了上涨。

如果美国人口增长势头强劲，那么一切都会好起来。然而事实并非如此。美国的人口增长放缓，甚至不到生育高峰期的一半，而总生育率低于维持人口所需的"黄金数"。正如拉斯特所说，"社会保险在本质上是一个庞氏骗局。就像所有的庞氏骗局一样，只要新参与者的数量持续增长就可以了"。[18]不幸的是，这项福利计划正处于崩溃的边缘。

伴随出生率的放缓而出现的另一个重大问题是税基缩小现象，而与此同时，无资金准备的金融债务正在上升。这意味着，在未来的福利款项中，无资金准备的部分将达到200万亿美元或更多，而这一部分却由较小比例的人口承担。

随着人口老龄化的发展，出现了另一个问题：因年龄太大而无法工作的人口比例日益增长，那么谁来工作？答案很简单：我们将为机器人创造就业机会。

走进机器人

高负债、大量无资金准备的福利、高工资税风险和不断下降的出生率等动因，可能会掀起一场完美风暴，迎来劳动力市场的“机器人敌托邦”。自动化技术解决了我们面对的一些美国人口统计问题，但是同时却加剧了一些福利问题。因此，随着美国人口增长放缓和老年工人超过劳动力年龄，自动化可以为潜在的劳动力短缺问题提供另一种解决方案。

正如我们在第5章所讨论的那样，自动化可能会在多个方面对美国经济的增长和社会发展做出重大贡献。但是受雇主不愿支付较高的工资税的想法影响，调整与无资金准备的福利相关的成本将对确保自动化的有序和可持续发展起到至关重要的作用，否则，雇主会在逃避高额工资税的利益驱使下进行低效率的自动化，造成不可控的局面。

机器人工资税

一些思想领袖提出对机器人征收工资税。[19] 这个建议似乎很复杂，而且可能不如福利改革那么奏效（即使比改革更容易实施）。而且，我们该怎样划定界线？

是否有理由对自动化车辆征收工资税？是否应该支付采矿和建筑设备的工资税？那计算机和软件呢？“秘书”不再是各州最普通的职业，这是有原因的，与机器人无关。有关工资税的风险将在第7章进行进一步讨论。

工资税和萎缩的美国税基

当存在税收缺口时，往往需要提高税收。在不远的将来，工资税存在大幅提高的风险。通过加快降低美国税基，尤其是降低为福利提供资金的工资税税基，人口增长的放缓和工作自动化的需求可能会加重美国的债务和福利负担。如果当前资金无法填补福利债务，工资税将会上升。

因此，工资税由谁来支付？

员工与雇主分担福利费用，雇主负责承担一半。这意味着，如果福利费用上升，则雇主雇用员工的费用也会增加。由于已经为雇主落实了财政激励政策，因此自动化对劳动力的替代效应有可能会加快。

为了弥补福利支出费用的不足而提高工资税，久而从经济上进一步刺激雇主加强技术投入，减少人工劳动力。我的一些客户也对工人医疗保健相关费用上升的风险表示了担忧。

你觉得雇主面对支付更高工资税的负担会作何感想？毕竟他们要支付一半的工资税。

加快步伐

随着自动化程度的提高，未来可能会增加更多的激励政策，激励雇主采用自动化技术。因为机器人不太可能成为福利税基的一部分，而且更多自动化技术的应用可能会给雇主的工资税义务带来进一步上升的风险。这将进一步缩小福利税基。

考虑到上述动态变化，自动化的加速会进一步加剧福利资金问题，形成恶性循环，就像一条龙在追逐自己的尾巴。例如，从1980年开始的原发性物质滥用（PSA）现象，它是指通过服用可卡因来延长工作时间及增加收入的趋势。人们为了延长工作时间，就要购买更多的可卡因；为了购买更多的可卡因，就要赚更多的钱。[20] 真正成瘾的不是可卡因，而是建立在不健全基础上、源于普鲁士君主主义者的无资金准备的福利，而这一现象不仅仅出现在美国。

这与"饲龙"游戏的机制相同，对员工实施固定收益制的多个行业（如汽车和航空业）因此受到严重打击。福利也属于固定收益计划，但不会对一个行业的破产构成威胁，而是对整个美国经济构成威胁。

私营公司的固定收益计划及公共城市和公务员养老基金的设立，均参照了人口结构。在过去，人口结构更加有利于保障养老金的发放，并具有可持续性。如今，同样的挑战却对美国福利构成了威胁。当然，也对提供固定收益计划的任何行业、公司或政府实体构成了威胁。

重新讨论自助服务机化

未经改革的福利为美国的经济带来了过度自动化的重大风险。如果说作为员工最大的好处，你可能会想到休假或病假。但你的雇主可能首先想到的是成本最高的支出项目：工资税和医疗保健。自助服务机不用请假，当然也不需要医疗保健或工资税——起码暂时不需要。

2016年中期，西班牙的失业率是20%左右[21]，青年失业率约为43%。[22] 因此，这意味着找工作的人口很多。但是，如图6-8所示，在2016年西班牙巴塞罗那的夏天，自助服务机正在努力工作。像在欧洲的大多数国家一样，在西班牙，雇用一个人的成本比美国要高很多。然而，自助服务机却不存在任何工资税、健康保险费用、政府福利、假期、病假和工会的问题。随着自助服务机逐渐取代工人，年轻人的失业状况很难得到明显的改善。这也预示着美国青年的参与率和失业率问题会更加严重。值得注意的是，快餐机器人也即将问世。

美国最低工资水平的提高对领取这些工资的工人十分有利。但如果没有人能够真的得到这些工资，就会产生不利影响。例如，洛杉矶的最低工资水平较高，因此当工资税上涨时，雇主需要支付更高的工资，承担更大的劳动力成本，由此加速了从事最低工资工作机器人的出现。[23] 对于希望避免产生更高总劳动力成本的雇主，这可能会推动公司沿着自动化和自助服务机化的方向发展。

图6-8　巴塞罗那机器人的工作[24]

面临风险的企业家

福利成本和工资税的上升也可能会扼杀企业家精神。对于雇员来说，工资税义务与他们无关，而是由雇主承担。与雇员不同，个体经营者需要独自承担工资税的全面冲击。目前，税率占收入的15.3%。[25] 但是在未来，税率将以更快的速度上升，这是因为对于企业家来说，没有雇主会替他们承担工资税。因此，如果不彻底改革福利体系，到2030年，个体经营税率将达到25%之高，简直难以想象。

逐渐提高个体经营税率可能会扼杀企业家精神，并损害到个体劳动者的利益。根据皮尤基金会的一篇文章内容，个体劳动者的百分比已从1990年的11.4%下降到2014年的10%。[26] 更重要的是，皮尤基金会指出，美国30%的从业人员是"个体劳动者和其雇用的劳动者"。[27] 换言之，2014年，1460万名个体劳动者又雇用了另外2940万名劳动者，占雇员总数的30%。

面对福利资金短缺及税基降低的前景，个体经营税率将会上升。由此产生的额外成本很可能使个体劳动者的比例呈现下降趋势。另外，在所谓的"零工经济"下工作的劳动者——如同1099系列表格所列——也要缴纳个体经营税。随着工资税的上涨，这一现象也可能使零工经济更加难以站稳脚跟。

无资金准备的其他债务

想想吧，这2 000 000亿美元的未备资金的政府津贴并不包括联邦、州、县或市政府人员的巨额养老金。这些政府人员中有很多还加入了未备资金的养老金固定收益计划，该计划急需改革。这些养老金缺口也可能刺激相关机构采用自动化技术，用机器人来做某些工作，而不是雇人。

总结

以前有这样一个笑话，“最好的汽车工人是那些已经退休的汽车工人”。如果不进行福利改革，那这个笑话很可能就会变成“最好的美国工人是那些已经退休的美国工人”。这一问题将影响到所有人，因为在福利成本进一步上升的同时，无资金准备的资产负债表外债务必定会导致（特别是后代人的）收益的大大降低。现有的问题又会导致新问题的出现。

福利制度如果不改革，税收对自动化的激励作用就如同和魔鬼做交易。毕竟，增加工资税、增加医疗成本和提高最低工资标准的风险在财政方面对自动化的激励可能会产生某些领域的问题。自动化促成并加剧了国家固定收益计划（如福利）存在的问题。当福利领取年龄超过预期寿命30年时，该计划才最为行之有效。机器人和自动化可以解决人口缩减的问题，但是它们会使税基减少的问题更加严重，从而使政府津贴计划和养老金资金不足的问题更为严重。

第7章

全民基本收入问题

全民基本收入（UBI）是指无论工作与否，每个人都可以拿到一笔固定工资，但其最大的问题是我们根本承担不起。正如第6章中所述，美国福利债务可能高达200万亿美元，不可能再向全民基本收入增加预算。

关于这个话题，戴维·弗里德曼（David Freedman）曾撰写过一篇文章，并刊登在美国《麻省理工技术评论》（*MIT Technology Review*）杂志上。文章指出，如果每年向每个美国成年人支付10 000美元，那么“至少是目前反贫困计划和日常开支的两倍，联邦预算因此要增加一至两万亿美元”。[1] 此外，弗里德曼认为，“可以适当扩大和调整现有的安全保障计划，尽可能以较低的成本有效地消除贫困，并且应继续将重点放在为人们提供工作和激励政策上来”。[2] 换言之，虽然这些计划的效率很低，但如果使用得当，效果比全民基本收入还要好，真是令人意外啊！

费用以外的风险

除了难以解决的费用问题外，全民基本收入还存在四大问题：

- 通货膨胀将会上升；

- 税收将会上涨；
- 长期经济发展可能会受到阻碍；
- 社会可能崩溃离析。

欧洲的态度

如图7-1所示，最近的一项调查结果显示，欧洲人表示会支持全民基本收入。尽管如此，全民基本收入在投票选举时仍然落选。同样，目前没有任何一个国家投票通过这项政策。

全民基本收入的概念整体上带有一些全面共产主义的意味，其中涉及收入再分配问题。也许这就是比美国人政治历史更为丰富的欧洲人认为这是一个极具吸引力的选择的原因。然而，全民基本收入在欧洲获得了支持，更可能是因为支持全民基本收入的受访者根本并不知道它是什么，如图7-2所示。

我敢打赌，20世纪20年代欧洲关于共产主义的观点和知识的图表，看起来都有些相似。为了我的欧洲朋友及美国朋友，现在让我们来探讨一下全民基本收入中那些超出预算的费用。

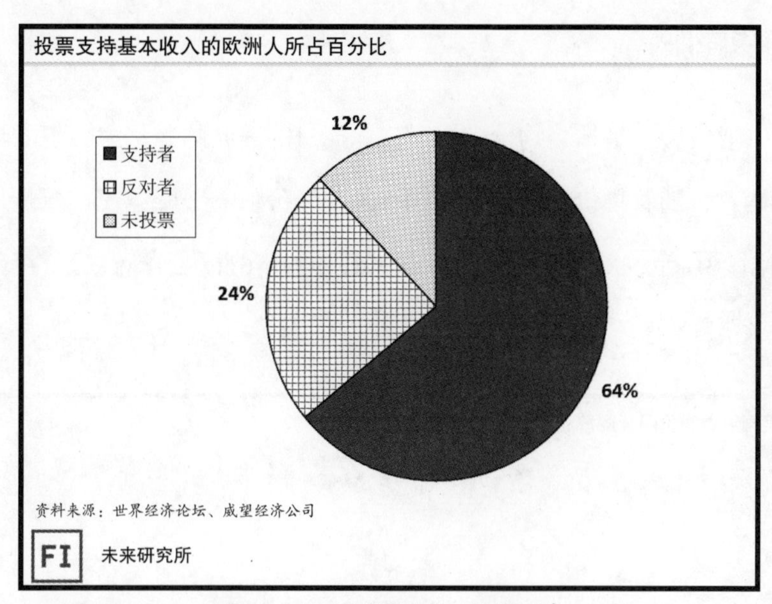

图7–1　投票支持基本收入的欧洲人[3]

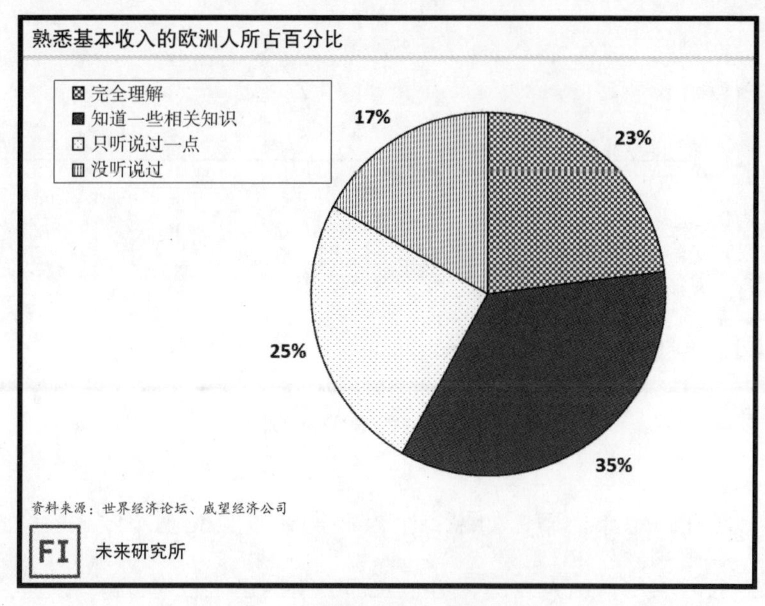

图7–2　熟悉基本收入的欧洲人[4]

通货膨胀

通货膨胀是指当物价上涨时，你拥有的美元的购买力会下降。换言之，随着物价的上涨，你拥有的美元价值会下降，钱在贬值。如图7-3所示，美国同比通货膨胀率在1979年6月达到峰值后一直在持续下降。

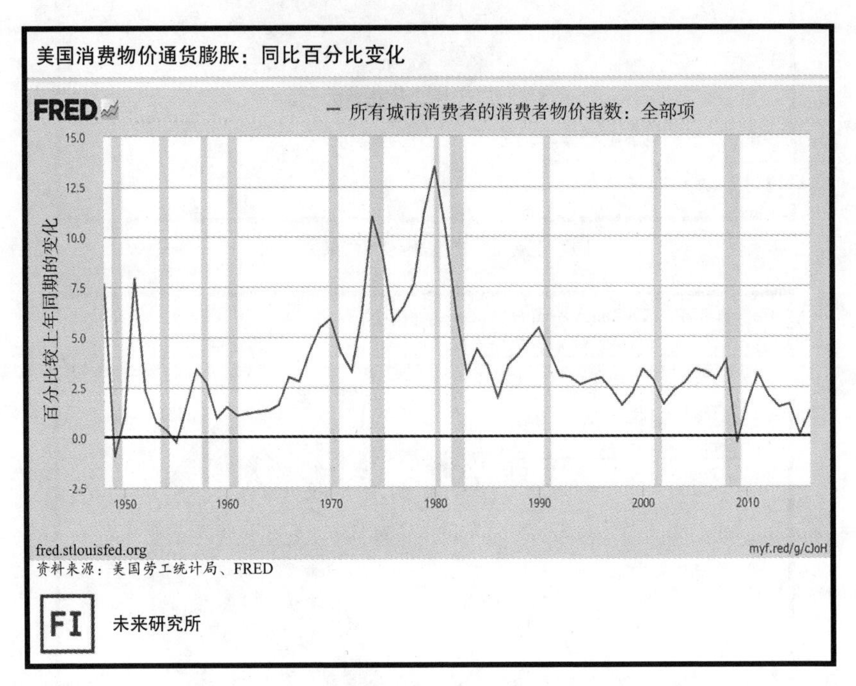

图7-3　美国消费物价通货膨胀率[5]

现在，想象一下，如果每个人都得到了全民基本收入会怎么样？这笔钱几乎从天而降，每个人都会得到这笔钱。如果每个成年人都能免费领到政府的救济金，咖啡、汽车、衣服或食品的价格会发生什么变化？如果大家终年无所事事，就可以免费领到半辆本田汽车的钱，那么一辆本田汽车又会卖多少钱呢？

从逻辑上讲，结论似乎显而易见：价格会上涨。较高的通货膨胀率对资产持有人和债权人有利，但对固定收入者不利。

固定收入投资包括公司债券和国债，以及社会保险和养老金固定收益。鉴于全民基本收入造成的通货膨胀风险，人们获得全民基本收入并开始消费时，价格将会瞬间上升，固定收入款项就会贬值。

随着物价的上涨，需要增加全民基本收入，以抵消通货膨胀造成的价值损失。这反而会使价格更高，从而更需要增加全民基本收入，陷入恶性循环。那么有多少钱才足够承担？事实是，一旦我们沿着全民基本收入这条路走下去，多少钱都不够。未来，印钞机需要以更快的速度，利用数字化技术发行全民基本收入的新货币。

缓慢而稳定的通货膨胀有利于经济的发展，高水平的通货膨胀则会造成经济不稳定。如果价格上涨过快，如20世纪20年代早期在德国发生的恶性通货膨胀，人们最终可能会将不值钱的纸币贴在墙上，当作壁纸。举一个最近的例子，在津巴布韦，纸币竟以万亿为单位。

我并不是说全民基本收入一定会使我们重蹈20世纪20年代德国或如今津巴布韦的覆辙，但我不敢保证类似情况不会发生。

税收将会上涨

既然根据目前的美国政府预算，我们既无力承担全民基本收入，也无法让国家债务每年再提高1到2万亿美元（按今天的价值），那么就要通过其他办法为全民基本收入找到资金来源。我们可以印制钞票，但这意味着债务的提高；我们不能偷偷开动美元印钞机，再偷偷把全民基本收入的袋子拿走，并像圣诞老人一样，在人们熟睡时把它们送到每个人的家里。但这很可能是大多数人都在思索的计划。如果那样，最好现在就开始储备牛奶和饼干。

但严格来说，只有一个办法可以获得我们所需的全民基本收入资金：税收。提高工资税、提高企业税、提高财产税，或者创建一些新的税收，如机器人劳动工资税。但有一点是肯定的，即税收将会上涨。

我在第6章中提到过，人们一致认为：企业（和个人）会响应税收激励政策。在不要求领受人参与任何劳动或活动的情况下，纯粹为了重新分配财富而提高税收，会减少对技术发展、投资和经济活动的激励。

机器人工资税

关于机器人工资税的争论正在升温，而且很多商界领袖，如比尔·盖茨，已经表示对这一政策的支持。但在确定哪些工作将受到影响方面，仍将面临挑战。机器人和计算机会受到影响吗？硬件和软件会受到影响吗？智能手机和微软Excel会受到影响吗？

关于机器人工资税的争论不大可能降温，但该项税收的实施和相关税收收入的分配可能错综复杂。随着时间的推移，政策制定者可能会更为密切地关注机器人工资税的问题，尤其是当大量工作实现了自动化甚至消失时。

当然，从机器人工资税中所得到的资金可以用来填补医疗保险、医疗补助和社会保险的无资金准备的福利债务。毕竟，这些款项的资金都来源于工资税。但是，即使有机器人工资税，政策制定者也可能会忽视对福利债务的资金支持，这是因为如果使用机器人工资税为福利提供资金支持，可能就没有太大的余地去实现全民基本收入了。

虽然我对机器人工资税和全民基本收入的概念持怀疑态度，但在政治领域中有一个真理：拆东墙补西墙时，你总是会指望西墙。在这种情况下，东墙将是无表决权的机器人，而西墙则可以白白拿钱。

公司税

在本书即将出版之际，曾发生了一场关于税收改革（包括降低公司税）的激烈辩论。未来，为了显著提高公司税，为全民基本收入提供资金，为每个美国人提供免费的救济金而采取的行动很可能会遇到巨大的阻力并造成企业的迁移。届时，一大批企业可能为了避免缴纳全民基本收入的税款而选择离开，美国经济可能会面临巨大的考验。因为他们可能真的一走了之。

当然，我们可以挑选出科技公司，只提高他们的纳税额。但如前所述，科技公司能够创造5倍的就业机会。想要见识下全民基本收入的需求是怎样如气球膨胀一般迅速增长吗？那就将那些公司吓跑吧，即使他们所创造的每一份工作都能够为另外5个就业机会提供支持。

收入资产税

为全民基本收入提供资金的另一种方式就是对工作的人征税。是的，每个人都可以免费得到全民基本收入资金。但是，同时以工作获得工资的人要付钱给他人，才能得到全民基本收入资金——即使其他全民基本收入的领受人都不工作，不想工作，从不打算工作，或者只想终日玩某些未来虚拟现实全息甲板版本的Xbox游戏机。而这把我们带入下一个话题，以及如果实施这样的全民基本收入体系，会给经济的长期发展带来哪些负面风险。

死亡和纳税——或至少要纳税

在结束这部分之前，我想提醒各位：如今生活中有两件事是逃不掉的——死亡和纳税。像佐尔坦・伊斯特万（Zoltan Istvan）这样的奇点主义者和超人类主义者，可能会说未来不一定会有死亡，你可能长生不死。但是税肯定是要交的，若是实行全民基本收入制度，纳税额度肯定会越来越高。

对经济的长期负面影响

让我们回到第2章，也就是关于姓名和中世纪职业的那一章。在工业革命期间，即钢铁时代的开始，工厂大量裁员的多是铁匠、纺织工及其他人力工作。

当然，工业革命也经历了糟糕的时期。劳动力滥用现象普遍存在，包括雇用童工、工作条件恶劣及工人缺乏保护等。面对这样的现实，工会应运而生，并引发了劳动改革。工会的发展为人们带来了周末、假期和带薪休假等员工福利，并且使工作环境更加人性化。这些问题的解决可能不算完美，但社会确实进步了，经济也取得了发展。

上述影响也不断渗入到乡村生活中。与此同时，新职业的出现和产生也变得至关重要。本科学历覆盖面的扩大有助于培养更多的医生、记者、律师和其他专业人员。许多职业和行业都取得了巨大进步，对社会产生了非常积极的影响。但是，如果当时人们继续待在乡村，仅靠些许救济金维持生活，现在又会是怎样的情形？

中世纪的全民基本收入

想象一下，如果在19世纪欧洲君主就决定向铁匠、磨坊工和纺织工发放金钱，这些人就会选择不再工作，那么欧洲会有怎样的发展？如果这些技术工人在19世纪末想方设法地向美国政府索取全民基本收入，结果会怎样？美国经济又会有怎样的发展？

我怀疑这样的政策会导致经济严重低迷，并抑制经济发展，使经济增长缓慢。

既然可能有如此种种不良影响，那现在人们为什么还会谈论全民基本收入？

全民基本收入并不能帮助人们克服技能差距，它只是通过发放金钱回避这个问题。但这样做的后果是削弱了资本主义经济的适应性，并降低了经济增长的长期潜力。我们需要思考这些与全民基本收入相关的问题。如果每个人都拿到了救济金，经济就会停止适应——甚至停止增长。

更重要的是，作为永久失业的解决方案，全民基本收入还存在个人成本。如果19世纪末，因为社会变革，工作消失，人们免费领取政府发放的钱，铁匠、磨坊工、制革工和纺织工们终日无所事事，那么他们会怎样？他们是否也会觉得自己一无是处？社会又会变成什么样子？

放到现在，如果人们无所事事，整日靠领全民基本收入生活，又会怎样呢？

德国牧羊犬

随着时间的推移，一些工作会发生变化并逐渐过时。基本上，我认为人类需要有事可做，而闲暇的生活并不能总是让人满足。是的，长年的闲暇生活很美好。但是，你有没有想过为什么亿万富翁还在继续工作？这是因为他们就像德国牧羊犬一样。

我认识的许多人（包括我的家人、好朋友甚至只是相识之人）都能使我想到德国牧羊犬。他们喜欢有事可做。他们喜欢忙碌的生活。任何曾经自己养过德国牧羊犬、见过德国牧羊犬或是在动物之家提供过志愿服务的人都知道，如果它们没有足够的事情去做，就会因为无聊透顶而毁掉房子里的家具。我的基本信念是，没有足够的事情去做的人也会为了逃避无聊而放弃自己的生活。

这也是希腊神话给我们的教训。希腊诸神因对生活厌倦而陷入战争和冲突之中。由于无事可做，无聊透顶，就使世界陷入一场浩劫。我们应该对此感到担忧。

由于退休人员的体力有所下降，因此退休人员领取福利的情形大不相同。但是，当年轻人闲下来的时候，就完全是另一回事，他们需要有事情可做。随着机器人和自动化的发展，"有事可做"将成为人类的一项挑战。如果没有办法使人们保持身心活跃，社会就会有危险。而人们并没有想到这种威胁，当然会避而不谈。

游手好闲，造恶之源。因此，如果人们没有事情可做，将会产生很严重的后果。没有工作的世界——全民基本收入的世界——社会会随时处于危险之中。

正如卡普兰在关于机器人和未来工作的著作《人工智能时代》（*Humans Need Not Apply*）中所述，“金钱不是工作的唯一理由，人们也希望自己是有用之才。除了为自己和家人提供帮助之外，他们也乐于为他人的福利做出贡献。大多数人会从帮助他人、增加自我价值感、赋予生命目标和意义中获得满足感”。[6]

我早就说过，忙碌的人是快乐的，2017年2月《大西洋月刊》的一篇文章中进一步强化了这个观点，图7-4也是这个意思。[7]《大西洋月刊》的另一位作家指出：“工作的矛盾在于许多人讨厌他们的工作，但无所事事令他们更为痛苦。”[8]

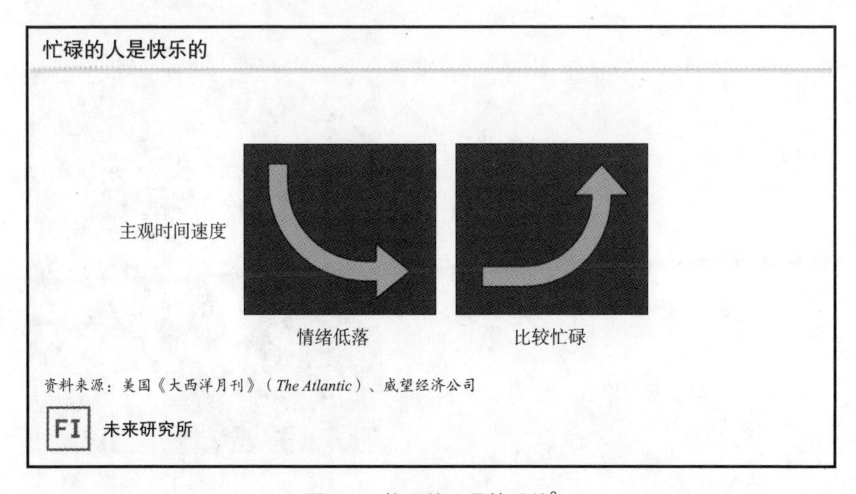

图7–4　忙碌的人是快乐的[9]

全民基本收入之父

1989年，柏林墙倒塌，随后苏联于1991年解体，西方宣布资本主义打败了共产主义。但是，历史观会随时间而变化。毕竟，研究欧洲历史的大多数历史学家现在都承认，第一次世界大战和第二次世界大战是同一场战争，在两段实际武装冲突之间只是一段较长的休战期而已。我不得不怀疑我们是否真的看到了共产主义的终结，或是我们仅仅停留在休战时期。

毕竟，如果全民基本收入使它跨越了历史的终点线，那么我们可能会认为冷战的“终结”只是第一轮斗争，而在这场战争中资本主义还有可能失败。我拜读过共产主义领袖的作品：马克思、恩格斯、列宁、卢森堡和托洛茨基。但在谈论后资本主义机器人乌托邦时，他们的一些作品使用的语言就不像某些硅谷未来学家那么咄咄逼人。毫无疑问，共产主义失败可能还没有得到最终的判定。虽然人们认为俾斯麦是美国社会保险之父，但是我认为我们需要认识到，卡尔·马克思（Karl Marx）就是“全民基本收入之父”（见图7-5）。

图7–5　全民基本收入之父

卡尔·马克思[10]

全民基本收入并不可行

全民基本收入的成本很高。全民基本收入可能导致严重的通货膨胀、企业外流、较高的税收、经济长期停滞和个体生活与社会的破裂等问题。全民基本收入并不可行。我们必须适应变化。幸运的是，正如你将在第8章中看到的，我们比以往任何时候都准备得更为充分。

全民基本收入的政治提升

在《机器人的工作》(第1版)发行之后，我与全民基本收入的支持者有过多次互动。其中许多次互动并不愉快。意外之财往往具有诱惑性，我预期未来几年赞同全民基本收入的人数将大幅上升。

全民基本收入可能是未来20年最热门的政治问题，短期内，这个问题很可能成为美国总统选举的关键问题。即使美国经济的承受能力弱，意外之财也会吸引大量的美国人口。

全民基本收入的支持者可能会说："全世界失业者团结起来！"

全民基本收入的虚假承诺可能会使整个经济衰落，因此，我们必须抵制意外之财的诱惑。

第 8 章

教育的未来

解决技术性失业的答案不是长期发放全民基本收入，而是教育。教育既是我们对抗“机器人敌托邦”最强有力的武器，也是使人民成为对社会有用、积极参与社会活动的一员的最佳工具。随着信息技术将我们带入自动化时代，利用在线教育的民主化为工人提供机会将起到至关重要的作用。

在这一章中，我将分享一些有关教育领域变化的信息。例如，在某些情况下，现实课堂能够搬到网上，而现在，这些课堂就是以电视演播室为背景的掌上教室。由于机器人的出现，你可以使用掌上设备（而不是在校园里）上你的下一节课。

然后，在第9章中，我将讨论常青的就业机会、不断学习的重要性及大量在线公开招聘的价值，从而发现比以往任何时候都要大的成功就业机会。

想常青可不那么容易

演员休息室是供人们休息、准备上电视或录影的房间。我见过很多演员休息室，也上过很多次电视。有些演员休息室装饰得很漂亮，一面墙上有很多电视，屋子里还有鱼缸，服务也不错。

有时屋子里也有很多名人，我曾和小布什的高级顾问卡尔·罗夫（Karl Rove）、迈克尔·艾斯纳（Michael Eisner），还有罗伯特·席勒（Robert Shiller）共用过休息室。

在我见过的众多演员休息室中，也有很多精彩的故事，但其中有一间休息室给我的印象最为深刻，令我感到惊讶。那是得克萨斯大学奥斯汀分校的演员休息室，见图8-1。没错，得克萨斯大学奥斯汀分校有演员休息室。那儿原来是教师休息室，也可能是教室或语言实验室。现在，它是教授们在摄像机前为成百上千的学生录课之前化妆及做准备的地方。

图8-1 得克萨斯大学奥斯汀分校的演员休息室[1]

随着得克萨斯大学在线教育课程设置的扩展，制作团队接管的空间也不断扩大，包括演员休息室。得克萨斯大学奥斯汀分校的任务是大幅增加在线提供课程的数量。事实上，他们正试图通过在网上普及更多的课程来消除教育系统的瓶颈，这样就能使更多的学生及时毕业。

大规模在线公开课程（MOOC）的兴起

和许多大学一样，得克萨斯大学赶上了在线教育的浪潮。这股浪潮并未暗淡下去。从图8-2中可以看到全球大规模在线公开课程（MOOC）的增长情况。但是我有一个忠告：得克萨斯大学的课程是同步大规模在线公开课程（SMOC），而不是全球大规模在线公开课程（MOOC）。

SMOC和MOOC之间存在一些关键性的差异。SMOC要求学生在上课期间同时在线。而MOOC通常比较自由，但目前似乎正在发生变化，一些教育平台现在已经开始收费。

除了公共课外，学士、硕士及博士课程也已上线。另外，过去5年里，线上教育明显增加，并会持续稳定增加。我本人就是在线完成的硕士学位，也会把它推荐给其他人。而且我可能还会继续在线攻读其他学位。

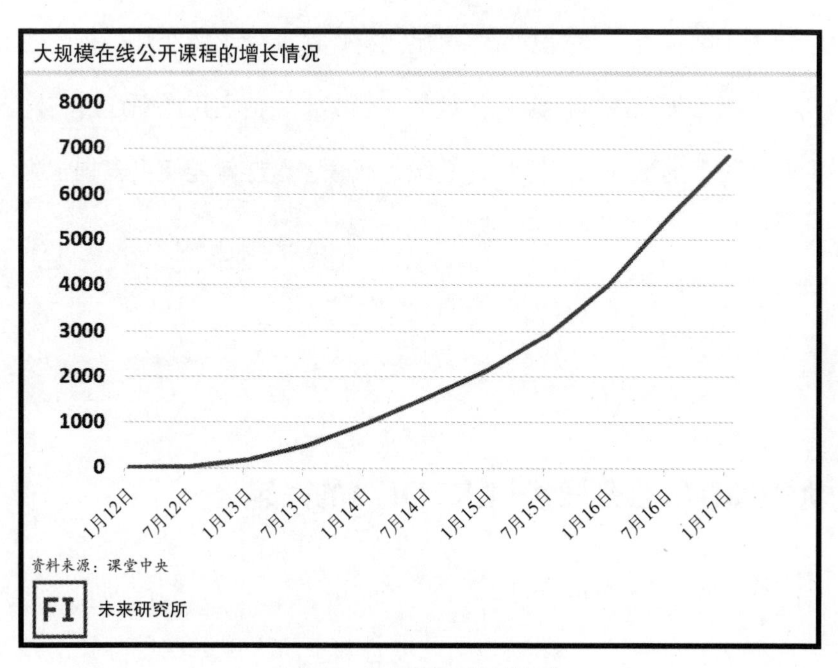

图8-2　全球MOOC增长情况[2]

在线学习如此火爆，因此未来学家托马斯·福雷（Thomas Frey）预计，“2030年互联网上创建的最大公司将是我们闻所未闻的教育公司”。[3] 但是未来学家杰里米·里夫金（Jeremy Rifkin）的预测却大相径庭。他认为美国经济会朝着一切近乎免费的“近零边际成本社会”发展。[4] 他还预测道：“用近零边际成本在线上虚拟教室学习,（会使）经济进入许多商品和服务近乎免费的时代。”[5]

参加在线课程之后，在这个问题上，我十分赞同福雷的观点。成千上万的学生可以参加网上课程，而不是有限数量的学生在现实课堂里学习。最终，成千上万的人可以选择同样的课程。但是正规教育还存在管理费用。人们知道教育投资是有回报的，因此他们会花钱学习。网络教育将成长为一个产业。但是正规教育要实现免费还有很长的路要走。

与演员休息室不同的是，得克萨斯大学的绿幕房间（见图8-3）主要用于对图像和背景进行有趣的编辑。

图8-3　得克萨斯大学奥斯汀分校的绿幕房间[6]

如果我们可以摒弃办公室，那么我们也可以摒弃现实课堂。

想想看，昂贵的（而且往往是浮华的）大学地产，以及全球和国内越来越多想上美国大学的人。如果人们可以通过远程的方式读大学，就不必继续建造那么多的校园。如果没有季票，你可以买一张门票去看棒球比赛，同样，你也不必亲自去参加每一个课程，但可以吹嘘自己上过某所大学。在某些情况下，说你有某个大学的学位就好像你在那里只上过一节课一样。

就像20世纪80年代的情景喜剧一样，得克萨斯大学奥斯汀分校的一些课程也有现场直播观众。从图8-4中，你可以看到得克萨斯大学奥斯汀分校部分在线课程的演播室观众就座位置。每个座位都有一个麦克风，学生可以用它来提问。在某些情况下，座位是提前分配好的。

图8–4　直播间观众席前录制[7]

在图8-5中，你可以从观众的视角看到三机位拍摄的画面。这是一套高制作水准的录像设施：包括演员休息室、有绿幕的房间、观众席、三台摄像机，以及专业技术及后台的后期制作。

在线课程有着巨大的价值。然而，我认为未来的学位很可能会出现价值分歧。对于有些学位，人际关系网至关重要，但对于其他学位，事实会证明人际关系网可能是无关紧要的。

图8–5　三机位拍摄[8]

商学学位

本科商学学位和工商管理硕士（MBA）学位的课程中，学生可以与其他学生直接接触，因而会继续提供较高的价值。人脉网络和人际关系对攻读商务学位的人来说非常重要，因为这些关系会为他们创造近期和长期的职业机会。在商界，没有任何事物能替代直接的人际关系。

当然，除了建立人际关系网之外，商科学生还可以从项目管理技能和财务敏锐度中获得巨大的价值。这些技能将创造和大大增加未来的就业机会。

非商学学位

然而，对于其他研究生（和本科）学位来说，人际关系网并不那么重要。如果你想成为一名教师、护士或IT专业人员，你不一定要在现实课堂上获得学位。你需要学习内容，但是你不必像商人那样建立人际关系网。

对于能够让人们找到工作的职业而言，很容易汇聚人才。在像医疗这样劳动力短缺的行业里，如果你有资格证，就可以很快地找到就业机会。这就是人际关系网对于健康护理职业来说并不那么重要的原因。但是，如果你想在管理领域闯出一片天，那么建立关系网才是第一位的。如果你决定不去建立关系网，那么干脆不要上这样的课程。

三个硕士学位的故事

对于一些学位来说，在线课程中减少人际接触意味着重大的价值损失。但是，这在很大程度上取决于你学习的内容。让我分享一下我自己从三个非常不同的研究生学历中总结出的经验吧。

我在北卡罗来纳大学教堂山分校获得了德国文学硕士学位，在学习期间，课程内容是最重要的东西。虽然我喜欢讨论，但实际上在读研究生的第一年和第二年之前的暑假里，我就读完了整整一学年的书，而且是所学的大部分的书。我独立读完了所有的课程资料。虽然距离不远，但我以远程方式完成了几乎所有课程。我通过远程方式就可以很好地做到这一点——尤其是我居住在德国之后，可以经常说德语。

我在北卡罗来纳大学格林斯堡分校攻读了应用经济学硕士和MBA课程，虽然学习的内容很重要，但更重要的是能够认识我的同学。这是商科类课程，因此人际关系网对我的个人和事业成功大有裨益。

我在加州州立大学（CSU）多明戈斯山分校攻读了谈判学硕士学位，其间，课程内容是最重要的东西。我从未去过校园，而是通过Skype保住了自己的硕士学位。但是，我也在18个月内读了200多本谈判书籍。这是一个伟大的自我导向学习过程。如果你想要在线学位的内容和结构，我建议大家去试一试。但是，对于工商管理学位，没有什么可以代替与人面对面的接触。

受教育越多，获得的财富越多

正如我们在第4章看到的，低教育水平的工作最容易被自动化所替代。而那些需要硕士学位的工作，被自动化代替的概率为零。因此，教育是收入与就业的重要砝码。

正如在图8-6中看到的，拥有博士学位或专业学位的人获得的初级职位报酬最多，相当于全国所有教育平均水平的两倍以上。学士学位名列第二，硕士学位紧跟其后，排在第三位。但最重要的是，大专或以上学历员工的初级职位工资均高于全国平均水平。

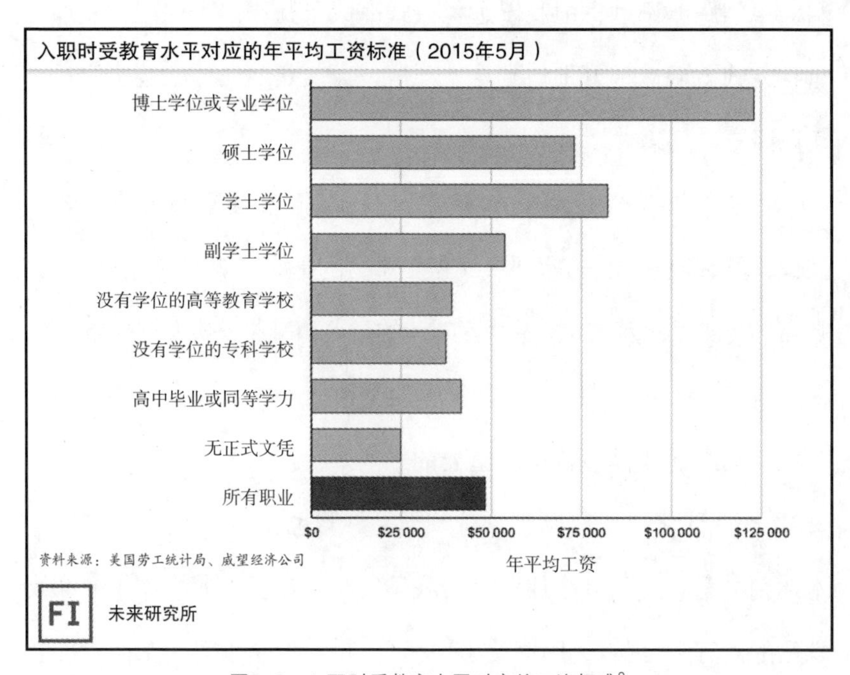

图8-6　入职时受教育水平对应的工资标准[9]

失业率

教育也与失业率成反比，受的教育越多，失业的可能性就越小——尤其是在经济衰退时期。

从图8-7中可以看到大萧条期间所有教育水平的失业率都增加时教育对失业的影响（用很宽的经济衰退框显示）。期间，未获得高中文凭的工人失业率上升最快，从2006年10月的5.8%上升到2010年11月的15.9%——增幅超过10个百分点。[10]

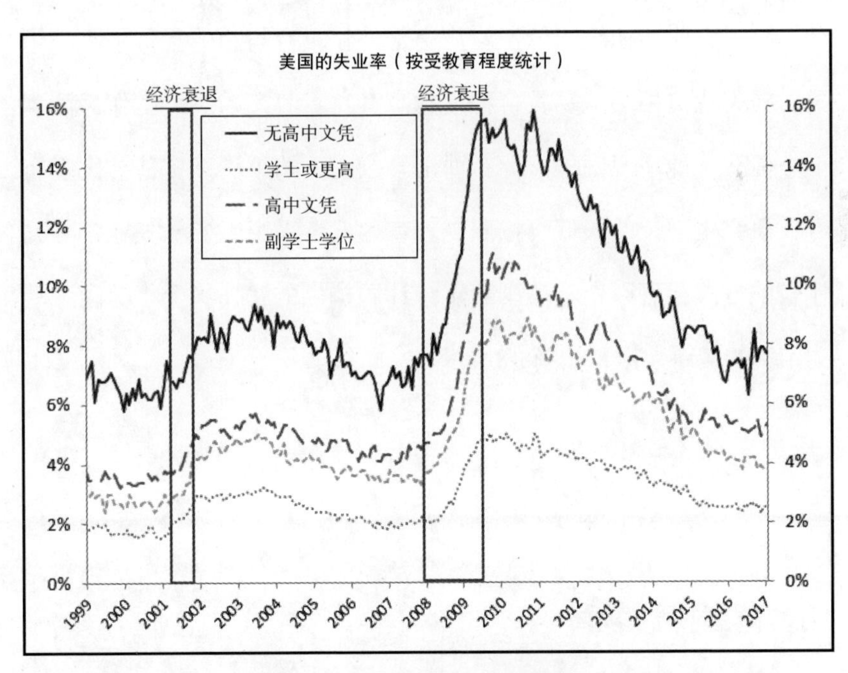

图8-7　失业率（按受教育程度统计）[11]

同时，拥有学士学位的工人失业率从2007年3月的1.8%低位上升到2009年9月的仅5%高位时，大萧条对拥有学士学位的工人没有产生多大影响。[12]

有趣的是，在整个历史图（见图8-7）中，对于有学士文凭的人来说，他们所遇到的失业率最高的一年竟然比未获得高中文凭的人失业率最低的一年还要好。不管采用何种自动化步伐，正规教育的价值仍然是关键的划分因素。但非正规教育也将继续变得越来越重要。

除了失业和初级职位工资历史之外，教育与总体工资水平正相关，与失业负相关。受教育程度越高意味着收入越高，工作风险越低。但有一种情况例外，拥有博士学位的人的平均工资往往比拥有专业研究生学位的人低。按照受教育程度，采用工资和失业率并列比较的方式，可以查看美国劳工统计局提供的2016年全年美国劳动力市场的最新数据，如图8-8所示。

结合背景探讨教育

正如前面的章节一样，本章清楚地指出，教育和技能是决定个

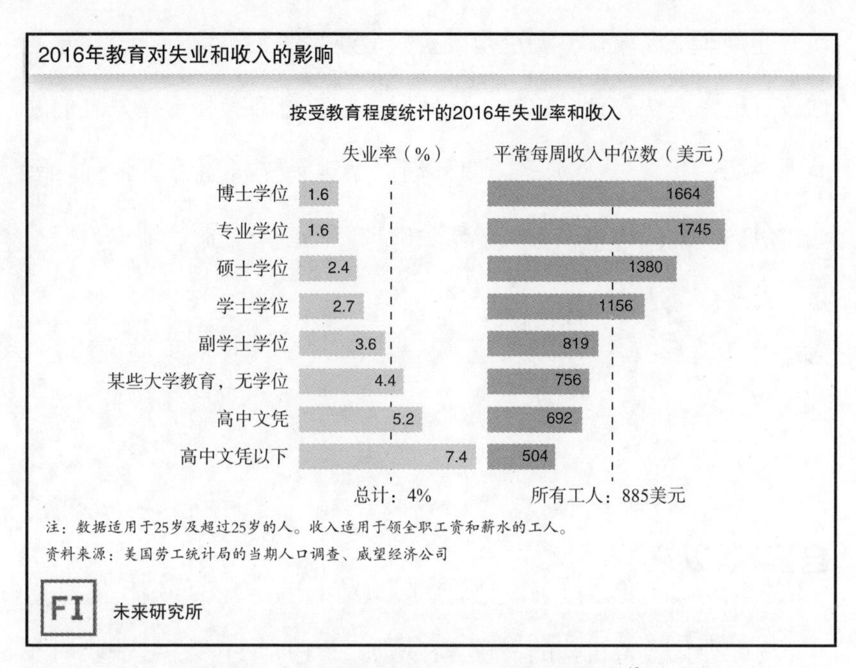

图8-8　按受教育程度统计的工资和失业状况[13]

人经济机遇的关键因素。随着时间的推移，接受更多的教育在自动化时代将对整个经济及社会的发展发挥关键作用。是长期机会，还是缺少机会，很大程度上取决于宏观经济下的教育和技能获得的总体水平。

当然，为了确保个人和社会能够规避“机器人敌托邦”出现的可能性，获得高价值的教育将起到最关键的作用。在取代失去高风险行业机遇，以及最大限度地减小社会中技术性失业的影响方面，创造新的就业机会和支持专业相关性的技能至关重要。无论是正规教育还是非正规教育，无论是线上教育还是线下教育，无论是专业性教育还是商贸教育，总之，任何形式的教育都有利于提升人们的就业前景，提高收入水平，使人们更不容易被机器人所替代。因此，当机器人时代来临时，最安全的地方不是防空洞、地堡，也不是无人岛，而是学校。

自第1版以来

对专业化教育机构的需求正在增加，但仍有许多关键需求尚未得到满足。我从自己写的书中得到了灵感，自《机器人的工作》发行以来，我在专业和线上教育方面更加投入。自2017年2月该书第1版出版以来，我发布了一个关于LinkedIn金融风险管理学习的课程，并且在开发LinkedIn Learning网站时，我还学习了其他一些有关美国和全球关键经济指标的课程。

2016年RoboBusiness大会的经历也使我深受启发，为了帮助分析师和经济学家成为未来学家，我投入了大量时间和资源，成立了未来研究所™。通过我们历经12个月开发完成的程序，在标准、法律、会计和财务规划这四个专业职阶中，选修一门课程，你就可以成为注册未来学家TM。我们甚至建立了正规认证，这样人们就可以获得相应的技能和认可，并使用未来学家和长期分析师TM或FLTATM的称号。

对专业技能发展的需求很高，你应该期望看到像我这样的专业人士提供更多的在线学习产品。我们希望帮助其他人发展技能，提升智力资本曲线，避免被机器人所取代。

第9章

避免机器人取代你的事业

你需要为自动化和机器人技术的加速发展做好应对准备。你需要避免自己被机器人所取代。但从这些变化的积极影响来看，你需要思考应对策略，为实现你自己的“机器人乌托邦”奠定基础。

自动化技术不可避免地会导致劳动力的中断，因此为了应对这种现状，可以实施以下三大策略。

从事常青行业：获取自动化时代紧缺职业的专业技能。

学习有价值的技能：利用正规和非正规教育机会，准备好学习更多的东西。

永不止步：通过改行、跳槽到其他公司或前往其他地方来抓住机遇。

在本章中，我将会举一些应用这些策略的例子，帮助你寻找发展机会，甚至是在一些面临挑战的行业里也能发现机遇。

策略1：从事常青行业

无论经济或自动化的风险有多大，总会有一些行业像常青树一样不受影响。你需要确保你的职业与这些行业有关。

“机器人敌托邦”的到来将会给一些行业，特别是制造业和运输业，带来很大的不确定性。与此同时，其他行业自动化的可能性相对较低，如信息技术、医疗保健和管理工作。我在第4章讨论了这些动态，并在图4-1中给出了不同行业接触自动化技术的完整列表。

信息技术

显然，自动化程度的提高、机器人技术的发展及对技术的依赖给信息技术领域的职业带来了巨大的机遇。

我之前的一位同事，同时也是我的好朋友，目前在一家顶尖的汽车自动化公司工作。最近我们通了一次电话，我和他谈起经济和金融市场的风险时，他非常担心，因为他的部分酬金与纳斯达克的业绩挂钩。

我告诉他："你没什么可担心的。"他问我为什么。我笑着告诉他："股市可能会下跌，但你将会是世界上最后一个还有工作的人。不用怀疑，是最后一个人。因为你的工作是将每一个其他的工作自动化，最终使它们不复存在。你当然会没事的。"

他对我的回答很是满意，如果你能在自动化领域找到工作，你也会对自己的前景感到满意。

顺便说一下，按照我前面提出的建议，我通过工作了解了自动化专业。事实上，我所在的威望经济公司，对美国物料搬运工业和贸易组织MHI进行了广泛的研究和数据分析。这是一个价值数十亿美元的行业，它所提供的实体设备和技术能够通过美国供应链运送货物。它们都是满足美国经济日益增长的电子商务需求的无名英雄。

在某种程度上，物料输送同样也是一个属于专注于自动化、机器人及“最后一公里”解决方案和运输优化的行业。我经常开玩笑地说，如果从事自动化汽车行业的朋友，成为世界上最后一个还有工作的人，我会努力成为倒数第二个人。然而，事实却有一点微妙。因为还有一些其他难以自动化的行业，如健康护理。

医疗保健工作

在自动化领域，医疗保健可能是常青行业，因为这个部门比较难以实现自动化并且要求较高的人际接触。第3章讨论了美国劳动力市场的现状（以及近期前景）。医疗保健是近期就业增长、就业人数和最高收入的大赢家。

如果你为自动化感到忧心忡忡，那么任何一个需要人与人交流

的行业都会"相对"安全。总体来说，医疗保健行业会比其他需要人际交流的服务行业收入高，如理发师、美容师和按摩治疗师。

在未来的很长一段时间内，医疗保健行业可能也会比较稳定，因为美国老龄化人口的人口统计数据表明，我们需要扩大一线医疗保健专业人员的队伍，包括个人护理助理、注册护士和家庭健康护理。第3章（见图3-10）提供了一些关于医疗就业增长光明前景的信息。在图9-1中，我们能看到目前医疗保健行业的工作分布情况。

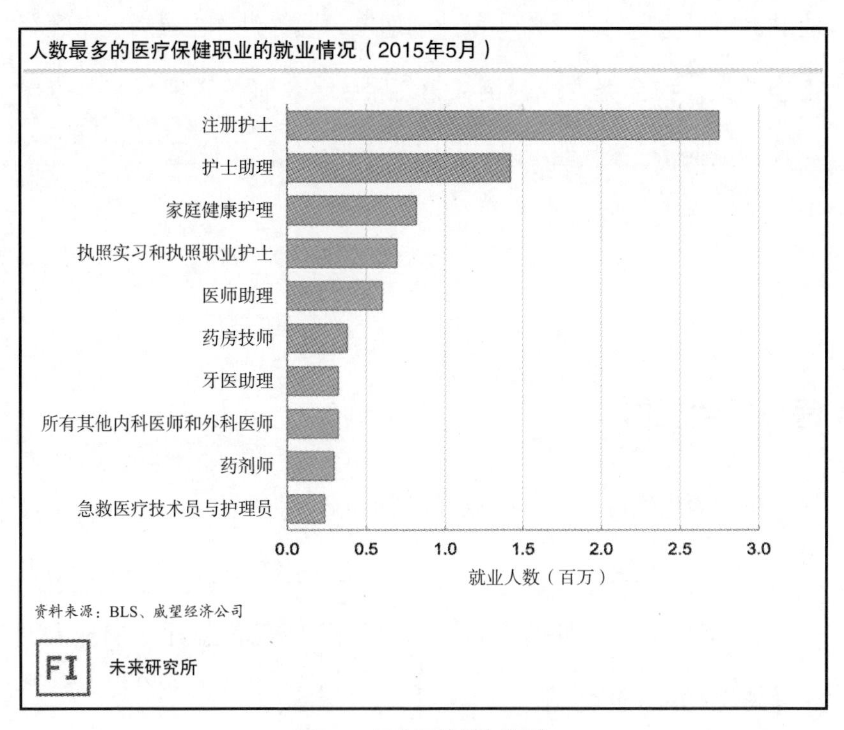

图9-1　医疗保健就业情况[1]

项目管理

随着越来越多的工作被自动化，项目和流程管理的重要性变得与日俱增。随着自动化的应用越来越广，人们需要通过更加有效的方法确定工作的优先次序，优化和执行工作，进而确保最大限度地提高自动化解决方案的美元化价值。

文字处理机使得所有专业人员都需要掌握打字和文秘技能，同样，未来的专业人员也需要具备MBA的项目管理技能。而项目管理技能的重要性甚至可能超过数字计算能力。毕竟，即使机器人能够执行任务，流程可以自动化，但是如果没有指导，它们将需要很长时间才能完成任务。

在这一方面，人类已经无法独善其身，必须在未来寻找到自己的价值。如果现在所有的工作都由机器人进行，那么人类就需要掌握项目管理技能，因为人类需要管理机器人。目前，人类正在从事三种项目管理活动，但是在未来，人类需要从事更多的此类活动：

人员管理　告诉人们按什么顺序执行哪些流程。

机器人管理　告诉机器人按什么顺序执行哪些流程。

对管理机器人的人员进行管理　告诉他们最优先考虑的事情，这样他们就可以告诉机器人如何优先安排它们的工作流程。

在未来的很长一段时间内，对道德伦理导向系统和主观优先顺序的理解尚不透彻，那么人类仍是解决这一难题的关键。机器人可以完成任务，但必须保证机器人在恰当的指导下工作。

当然，你一直在不停地开会和思考，内容就是为什么做不到这一点？这就像是问路，别人只是告诉你这里无法达到那里。为了回答问题和完成工作，人们需要参与进来，帮助确定真正的问题是什么，如何认真规划这个问题，以及如何确保没有错误地指出问题。我们都会成为MBA或管理顾问。执行工作则是机器人的事。规划、确定优先顺序、分配资源和指导活动仍然是人类的工作范畴。

微型创业者

也许，信息技术、医疗保健和管理并不适合你。那怎么办呢？怎么才能找到适合你自己的工作呢？不如就像电影《义胆雄心》（*The Untouchables*）所说的，"如果你不喜欢桶里的苹果，就自己去树上摘一个吧"。

颠覆的同时也在创造机遇，因此，如今的创业机会要比以往任何时候都多。也许一个房间在今天是办公室，在明天就可能变成博物馆。现在已经出现了所谓的“零工经济”。正如纽约大学教授阿伦·森达拉拉詹（Arun Sundararajan）在其《共享经济》(*The Sharing Economy*）一书中指出的那样，“自由职业者能够根据自己的需要在任何时间、任何地点、从事任何强度的工作以达到理想的生活标准”。[2]

新的变化为你成为微型企业家创造了机遇，这种变化也为企业所有者提供了与全球资本市场连接的机遇，而这种机遇比历史上任何时候的机遇都要大。虽然森达拉拉詹写道，“以人群为基础的资本主义仍然处于起步阶段”，[3] 但是随着越来越多的众筹资金进入资本市场，他们也带来了重大的机遇。如今，人们可以通过电子商务、掌上零售和全球资本市场来利用世界资源，把爱好变成生意。

这项新的未经考验的举措面临着诸多挑战。众筹和微型创业者的未来在很大程度上取决于投资的收益性和流动性。投资者需要看到其私人持有的众筹投资能够产生回报，并且这些投资可以很容易地在次级市场上出售。如果能够越过这些障碍，一些“小企业”未来将有更多的机会进入全球资本市场进行创业。

现在，人们比以往任何时候都更容易进入国际市场，获得资金。如果你曾经梦想拥有一家企业，现在可能是一次绝佳的机会！然而，在你选择这条道路之前，你可能需要先看看我的书《对抗衰退》，了解一下创业和创办企业背后的过程和数学的最重要秘密。

策略2：学习有价值的技能

正如你在第8章中所读到的，现在人们接受教育的机会比历史上任何其他时候都要多。你还可以通过自身的一些努力，强化和增加一系列专业技能，以免被机器人所替代。

如果你没有时间攻读学位，那么就去考个证书。专业职称的数量有了很大的增长。我和其他专业人士一样，名字后面有一大堆头衔。这些职称既能培养技能，也会向未来的老板或客户发出信号：你知识渊博、精力充沛、善于贯彻，并且积极进取。

你是否想要在简历中添加某些计算机程序技能？如果确实如此，那就下载一份免费试用版。30天的产品试用期对于学习基本知识来说绰绰有余。然后你就可以把它添加到自己的简历中。因为你只是需要在简历上加入这项技能，而不需要成为这个产品的世界级专家。除非这个计算机程序是工作的关键组成部分，否则你可能只需要具备基本的能力及对程序熟悉即可，因为大多数公司会在录用后提供培训。

在当地大学旁听意味着你没有被录取。你得不到学分或成绩，但你确实获得了知识，你可以把它列入简历之中。在许多大学，旁听都是免费的，而有些大学会对旁听者适当收取一些费用。在全国一流的公立大学之一，得克萨斯大学奥斯汀分校，旁听一节课仅收取20美元。但如果你想培养商业技能，会计或金融课程则是不错的选择。

策略3：永不止步

一旦投入了时间来构建你所需要的技能，就必须确保你所受到的教育和获得的技能与良好的职业机会相匹配。你可能需要转换工作领域，改换工作地点或者仅仅是换家公司。幸运的是，你拥有一些有史以来最伟大的工具，能够更容易地实现这些过渡。

掌上劳动力市场

近年来，人们找工作的方式发生了重大变化。在工业革命初期，如果失业，唯一的选择就是找村里的其他人要一份工作。在之后的工业革命期间，你可以翻报纸找工作。从19世纪中叶开始，这种方法仍然是寻找工作的主要来源，直到2000年左右开始企业才上网公开招聘。如今，美国每年约有2700万个新招聘职位，其中500万个网上招聘职位可以随时上网查询。[4] 此外，全世界有2000万条招聘启事登在了像Indeed.com这样的招聘网站上。

你能想象一下被迫接受村子里刚好出现的职位空缺，而不是找到全世界2000万个招聘职位是什么样的感觉吗？而且，网上招聘职位的数量及我们对它们的访问量可能会随着时间的推移而增加。现在，你拥有了整个掌上劳动力市场。

此外，在截至2016年12月的12个月中，约有38%的工人经历了人事变更。[5] 自动化可以加快人事变更的频率。不过，好消息是，如果你不喜欢你的工作，至少你不会一辈子都困在这份工作上。

我们准备好了

工作最重要的一点在于它为人们创造了目标。尽管事业和职业会随着时间变化，但是人们从他们的职业中获得身份定位。尽管在接下来的几十年中，工作会一直变化，但人们的身份已经不像工业革命开始时那样与职业紧密相连。

有趣的是，从本质上来说，我在本章提出的三大策略与我在工业时代初期向铁匠和磨坊工人提出的策略建议相同：

从事常青行业；

学习有价值的技能；

永不止步。

我们知道变革即将来临，我们已经做好了比以往更妥善的准备。这就是历史经验带来的好处。

让技术站在你这边

通过最大限度地利用我们所拥有的瞬时和掌上就业机会，能够进一步降低技术发展所带来的下行风险，这些机会包括掌上教室、掌上办公室、掌上劳动力市场，甚至掌上零售。在美国，大多数人都可以接触到这些机会，同时物联网将国内外更多的人纳入其中。这种接触的增加可以继续为每个人，也包括你，创造机会。

你比想象的更富有

人们在担心机器人和自动化技术影响的同时，必须牢记技术带来的财富效应有多大。在中世纪，即使最伟大的国王也无法想象在美国任何一家超市能买到的食物数量——更不用说这家商店可能拥有全自动的收银台。而且，在智能手机上唾手可得的知识甚至超过了沉睡在亚历山大图书馆的所有内容。

人们关于标准经济措施是否有用的争论正变得日益激烈。在我看来，国内生产总值或GDP都能够很好地衡量经济增长方式。但这并不是衡量技术产生财富效应的好方法。

在写这本书之时，我和博德斯书店（Borders Books）、水星初创公司（Mercury Startups）和HDS全球公司（HDS Global）创办人路易斯·鲍德斯（Louis Borders）就技术的财富效应进行了长时间的讨论。[6] 路易斯指出，虽然现在人们的工资似乎停滞不前，但因为人们拥有技术，所以人们的生活质量也有所提高。毕竟，从技术含量上来说，一般的手持设备已经远远超过人们在执行阿波罗发射任务时所用的计算机。因此，如果每个人都能花几百美元就拥有相当于（原本是）几十亿美元的计算机，那他们的生活质量肯定是大大提高了。从本质上来讲，人类现在正在以一种更有意义的方式增加财富——即使从数据上体现不出来。因此，感谢我们所掌握的技术吧，它让你比任何一位祖先更富有。自动化时代可以给你带来更多财富——但前提是你已经做好了准备。

尾注 END NOTES

简介

1. 谷歌趋势：美国机器人。2017年11月7日检索：https://trends.google.com/trends/explore?date=all&geo=US&q=robots
2. 谷歌趋势：美国自动化技术。2017年11月7日检索：https://trends.google.com/trends/explore?date=all&geo=US&q=automation
3. 谷歌趋势：美国未来工作。2017年11月7日检索：https://trends.google.com/trends/explore?date=all&geo=US&q=future%20of%20work
4. 谷歌趋势：美国全民基本收入。2017年11月7日检索：https://trends.google.com/trends/explore?date=all&geo=US&q=universal%20basic%20income
5. 引文来自国外引用语分享大全（Brainy Quote）。2017年2月18日检索：https://www.brainyquote.com/quotes/quotes/g/georgesant101521.html
6. 美国人口普查局。“2000年人口普查中常见姓氏。”2017年2月11日检索：http://www.census.gov/topics/population/genealogy/data/2000_surnames.html
7. 阿巴拉契亚铁匠协会“锻造历史1。”2017年2月11日检索：http://www.appaltree.net/aba/hist1.htm

8. T. 杰弗逊（1776年7月2日）。《独立宣言》。从美国历史中检索。2017年2月18日检索：http://www.ushistory.org/DECLARATION/document/
9. 谷歌趋势：美国机器人。2017年11月7日检索：https://trends.google.com/trends/explore?date=all&geo=US&q=robots
10. 谷歌趋势：美国自动化技术。2017年11月7日检索：https://trends.google.com/trends/explore?date=all&geo=US&q=automation
11. 谷歌趋势：美国未来工作。2017年11月7日检索：https://trends.google.com/trends/explore?date=all&geo=US&q=future%20of%20work
12. 谷歌趋势：美国全民基本收入。2017年11月7日检索：https://trends.google.com/trends/explore?date=all&geo=US&q=universal%20basic%20income

第1章

1. S. 劳尔（2009年8月5日）。"对于今天的毕业生来说，只有一个词：统计学。"《纽约时报》。2017年2月11日检索：http://www.nytimes.com/2009/08/06/technology/06stats.html
2. 相关资料由威望经济公司提供。相关数据由彭博新闻社提供。
3. 雷・库兹韦尔（2005年）。《奇点迫近：当人类超越生物学限度》。纽约：企鹅出版集团，第7页。

第2章

1. 美国人口普查局。"2000年人口普查中常见姓氏。"2017年2月11日检索：http://www.census.gov/topics/population/genealogy/data/2000_surnames.html
2. 阿巴拉契亚铁匠协会"锻造历史1。"2017年2月11日检索：http://www.appaltree.net/aba/hist1.htm

3. J.R. 杜兰（1972年）。《英国祖先名字：从中世纪职业看姓氏的演变》。纽约：皇冠出版社，第17、18页。

4. A.J.P. 泰勒（1967年）。《共产党宣言：附AJP Taylor引言和注释》。纽约："企鹅经典"丛书，第19页。

5. 阿巴拉契亚铁匠协会"锻造历史1。"2017年2月11日检索：http://www.appaltree.net/aba/hist1.htm

6. 图像由Adobe Stock授权提供。

7. 贾森·申克尔（Jason Schenker）私人照片集。

8. J.R. 杜兰，第16页。

9. 美国劳工统计局。"职位空缺和劳工流动率—2016年12月"2017年2月12日检索：https://www.bls.gov/news.release/pdf/jolts.pdf

10. 贾森·申克尔（Jason Schenker）私人照片集。

11. 贾森·申克尔（Jason Schenker）私人照片集。

12. 图像由Adobe Stock授权提供。

13. 参考自WeWork"新闻与媒体"，网址：https://www.wework.com/press

第3章

1. 美国国家经济研究局，快速随机询问显示器，世界银行，威望经济公司。2017年2月17日检索：

http://www.nber.org/chapters/c1567.pdf

https://fraser.stlouisfed.org/files/docs/publications/frbslreview/rev_stls_198706.pdf

http://databank.worldbank.org/data/reports.aspx?source=world-development-indicators#

2. 同上。

3. 美国劳工统计局，所有雇员：制造业[MANEMP]，检索自圣路易斯联邦储备银行的快速随机询问显示器（FRED）；https://fred.stlouisfed.org/series/MANEMP，2017年10月16日。

4. 同上。

5. "每个州最常见的工作"（2015年2月5日）。美国国家公共电台。2017年2月11日检索：http://www.npr.org/sections/money/2015/02/05/382664837/map-the-most-common-job-in- every-state

6. 同上。

7.《未来的工作：自动化、就业和生产力》（2017年1月）。麦肯锡全球研究所。麦肯锡公司，第4页。2017年2月11日检索：http://www.mckinsey.com/global-themes/digital-disruption/harnessing-automation-for-a-future-that-works

8. 同上。

9. 同上。

10. 如需进一步了解索洛（Solow），请查看关于索洛的完整演讲和索洛增长模型：http://facstaff.uww.edu/ahmady/courses/econ302/lectures/Lecture14.pdf

11. M. 沃尔夫冈（2016年9月29日）。"机器人市场—数据和预测。"机器人商业大会演示文稿。波士顿咨询集团。

12.《人工智能、自动化和经济》。总统行政办公室（2016年12月20日）。第16页。2017年2月11日检索：https://www.whitehouse.gov/sites/whitehouse.gov/files/images/EMBARGOED%20AI%20Economy%20Report.pdf

13. 在Ranker.com引用的美国劳工统计局"在美国最常见的就业机会"。2017年2月11日检索：http://www.ranker.com/list/most-common-jobs-in-america/american-jobs

14. 美国劳工统计局（2015年12月8日）。“就业预测—2014-24。” 2017年2月11日检索：BLS - https://www.bls.gov/news.release/pdf/ecopro.pdf

15. 美国劳工统计局。“大多数新工作”。《职业展望手册》。2017年2月11日检索：https://www.bls.gov/ooh/most-new-jobs.htm

16. 美国劳工统计局。“增长最快的职业”。《职业展望手册》。2017年2月11日检索：https://www.bls.gov/ooh/fastest-growing.htm

17. 美国劳工统计局。“收入最高的职业”。《职业展望手册》。2017年2月11日检索：https://www.bls.gov/ooh/highest-paying.htm

第4章

1.《未来的工作：自动化、就业和生产力》（2017年1月）。麦肯锡全球研究所。麦肯锡公司，第5页。2017年2月11日检索：http://www.mckinsey.com/global-themes/digital-disruption/harnessing-automation-for-a-future-that-works

2. 同上。

3. 同上。

4.《人工智能、自动化和经济》。总统行政办公室（2016年12月20日）。第16页。2017年2月11日检索：https://www.whitehouse.gov/sites/whitehouse.gov/files/images/EMBARGOED%20AI%20Economy%20Report.pdf

5. 同上。

6. 同上。

7. 同上。

8. 整个章节来源于：《未来的工作：自动化、就业和生产力》。（2017年1月）。麦肯锡全球研究所。麦肯锡公司，第21页。2017年2月11日检索：http://

www.mckinsey.com/global-themes/digital-disruption/harnessing- automation-for-a-future-that-works

9. 同上。

10. J. 梅尔斯（2016年2月29日）。"2035年将会有什么新工作？" 世界经济论坛。2017年2月11日检索：https://www.weforum.org/agenda/2016/02/these-scientists-have- predicted-which-jobs-will-be-human-only-in-2035/

11. 恩里科·莫雷蒂（2013年）。《就业机会的新布局》。纽约：马里纳图书出版社，第6页。

12. J. 梅尔斯（2016年2月29日）。"2035年将会有什么新工作？" 世界经济论坛。2017年2月11日检索：https://www.weforum.org/agenda/2016/02/these-scientists-have- predicted-which-jobs-will-be-human-only-in-2035/

13. 约翰·梅纳德·凯恩斯（1930年）。"我们后代的经济前景"。耶鲁大学：纽黑文市，第360页。2017年2月11日检索：http://www.econ.yale.edu/smith/econ116a/keynes1.pdf。请注意，这句话经常被误认为摘自约翰·梅纳德·凯恩斯的《就业、利息与货币通论》。纽约：麦克米伦出版公司，1931年。

14.《人工智能、自动化和经济》。总统行政办公室（2016年12月20日）。第18页。2017年2月11日检索：https://www.whitehouse.gov/sites/whitehouse.gov/files/images/EMBARGOED%20AI%20Economy%20Report.pdf

15.《人工智能、自动化和经济》。总统行政办公室（2016年12月20日）。第18页。2017年2月11日检索：https://www.whitehouse.gov/sites/whitehouse.gov/files/images/EMBARGOED%20AI%20Economy%20Report.pdf

16. J. 怀特和P. 英格拉西亚（2016年4月26日）。"无人驾驶汽车可以拯救生命，减少就业岗位。" 路透社。检索自：http://www.reuters.com/article/autos-

driverless-winners-losers- idUSL2N17M0DO

17. J. 卡普兰（2015年），第12页。

18. 同上。第16页。

19. 贾森・申克尔（Jason Schenker）私人照片集。

20.《金融科技调查报告》（2016年4月）。美国特许分析金融师协会（CFA）。2017年2月11日检索：https://www.cfainstitute.org/Survey/fintech_survey.PDF

21. 2017年2月17日来自eSignal交易平台的图形捕捉。http://www.esignal.com/

22. 联合国。2017年2月11日检索：http://www.unwater.org/water-cooperation-2013/water-cooperation/facts-and-figures/en/

23. 国际能源署。2017年2月11日检索：http://www.iea.org/topics/energypoverty/

24. 联合国。2017年2月11日检索：http://www.unwater.org/water-cooperation-2013/water-cooperation/facts-and-figures/en/

25. A. 罗德里格兹（2016年3月24日）。“不到一天，推特(Twitter)上的微软人工智能机器人就被人类彻底‘教坏’，成了一个飙起脏话的种族主义者。”2017年2月17日检索：https://qz.com/646825/microsofts-ai-millennial-chatbot-became-a-racist-jerk-after-less-than-a-day-on-twitter/

26. 贾森・申克尔（Jason Schenker）私人照片集。

27. 贾森・申克尔（Jason Schenker）私人照片集。

第5章

1. W. 勒纳（1994年）。《现代社会主义和共产主义史：理论家、活动家和人道主义者》。恩格尔伍德・克利夫斯（Englewood Cliffs），新泽西：普伦蒂斯霍尔出版社，第12页。

2.《未来的工作：自动化、就业和生产力》（2017年1月）。麦肯锡全球研究所。麦肯锡公司，第5页。2017年2月11日检索：http://www.mckinsey.com/global-themes/digital-disruption/harnessing-automation-for-a-future-that-works

3. 同上。

4. 同上。

5. 如需查看此图片，请访问We Know Memes网站。2017年2月11日检索：http://weknowmemes.com/2013/05/the-never-ending-story-as-an-adult/

6. 在2016年RoboBusiness大会上，惠普实验室的威尔·艾伦（Will Allen）是第一个向我提起这件事的人。谢谢你，威尔。

7. 詹姆斯·库夫纳（2016年9月）。"云机器人：云连接领域的智能机器。"机器人商业大会演示文稿。丰田研究所。

8. 雷·库兹韦尔（2005年），第261页。

9. 贾森·申克尔（Jason Schenker）私人照片集。

10. 贾森·申克尔（Jason Schenker）私人照片集。

11. 克劳斯·施瓦布（2016年）。《第四次工业革命》。瑞士日内瓦：世界经济论坛，151页。

12. 贾森·申克尔（Jason Schenker）私人照片集。感谢纳瓦尔·帕特尔（Nawfal Patel）推荐使用克雷格列表网站（Craigslist），请到了当地的摄影师，而不用亲自飞到西雅图拍摄这张照片。

13. 2015年全国零售安全调查。（2015年6月）。佛罗里达大学，第7页。2017年2月17日检索：http://users.clas.ufl.edu/rhollin/nrf%202015%20nrss_rev5.pdf

14. 同上。

15. 贾森·申克尔（Jason Schenker）私人照片集。

16. 提供给威望经济公司的Waymo官方宣传资料照片。2017年2月。

17. 提供给威望经济公司的Waymo官方宣传资料照片。2017年2月。
18. “政治家不能让过时的生产工作起死回生”（2017年1月14日）。《经济学人》。2017年2月11日检索：http://www.economist.com/news/briefing/21714330-they-dont- make-em-any-more-politicians-cannot-bring-back-old-fashioned-factory-jobs
19. 克劳斯·施瓦布（2016年），第147页。
20. 美国能源信息署。《2017年度能源展望》（2017年1月5日），第98页。2017年2月11日检索（2017）：http://www.eia.gov/outlooks/aeo/pdf/0383(2017).pdf
21. 美国人口普查局。电子商务零售销售占销售总额的百分比【ECOMPCTSA】，检索自FRED，圣路易斯联邦储备银行；https://fred.stlouisfed.org/series/ECOMPCTSA，2017年11月13日。
22. 感谢凯文·弗利特（Kevin Vliet）为本书接受采访。
23. 贾森·申克尔（Jason Schenker）私人照片集。
24. 丹·卡拉（2017年9月）。“机器人与智能系统”。RoboBusiness大会演示文稿。谢谢你，丹。
25. 美国劳工统计局。所有员工：零售业：百货商店【CES4245210001】，检索自FRED，圣路易斯联邦储备银行；https:// fred.stlouisfed.org/series/CES4245210001，2017年11月6日。
26. 美国劳工统计局。所有员工：运输和仓储：仓储和储存【CES4349300001】，检索自FRED，圣路易斯联邦储备银行；https:// fred.stlouisfed.org/series/CES4349300001，2017年11月12日。
27. T. 弗里德曼（2007年）。《世界是平的：二十一世纪简史》。纽约：斗牛士出版社，第155页。

28. 同上。
29. 雷·库兹韦尔（2005年），第285页。
30. 感谢托尼·穆斯卡雷洛（Tony Muscarello）在飞机上接受我的采访。
31. 我订的纸杯蛋糕，但我可爱的妻子阿什丽·申克尔（Ashley Schenker）把它吃掉了。
32. 贾森·申克尔（Jason Schenker）私人照片集。
33. 恩里科·莫雷蒂（2013年），第13页。
34. 同上。
35. 同上。
36. 同上。
37. T. 杰弗逊（1776年7月2日）。《独立宣言》。检索自美国历史。2017年2月18日检索：http://www.ushistory.org/DECLARATION/document/

第6章

1. 2017年11月9日检索：http://www.usdebtclock.org/
2. 美国财政部。联邦债务财政服务：公共债务总额[GFDEBTN]，从圣路易斯联邦储备银行快速随机询问显示器上检索；https://fred.stlouisfed.org/series/GFDEBTN，2017年11月13日。
3. 同上。
4. 同上。
5. 同上。
6. 美国圣路易斯联邦储备银行管理和预算办公室。联邦债务：公共债务总额占国内生产总值的百分比【GFDEGDQ188S】，检索自FRED，圣路易斯联邦储备银行；https://fred.stlouisfed.org/series/GFDEGDQ188S，2017年11

月13日。

7. J. 德贾斯丁（2015年8月6日）。"60万亿美元！一图看清全球债务分布"。视觉资本。2017年2月11日检索：http://www.visualcapitalist.com/60-trillion-of-world-debt-in-one- visualization/

8. J. 梅耶（2015年11月18日）。"社会保障的门面"。2017年2月11日检索：http://www.usnews.com/opinion/economic-intelligence/2015/11/18/social-security-and-medicare-have-morphed-into-unsustainable- entitlements

9. 图片提供感谢美国传统基金会。2017年2月11日检索：http://thf_media.s3.amazonaws.com/infographics/2014/10/BG-eliminate-waste-control-spending-chart-3_HIGHRES.jpg

10. S. 陶若格（1997年1月）。"德国高度和生活标准，1850-1939L 符腾堡案例"，《工业化期间的健康与福利》中转载。R. 斯特克尔和F. 罗德里克。芝加哥：芝加哥大学出版社，第315页。2017年2月11日检索：http:// www.nber.org/chapters/c7434.pdf

11. 美国社会保障署。"社会保障史：奥托・冯・俾斯麦"。来源于https://www.ssa.gov/history/ottob.html

12. 美国社会保障署。《2016年有关社会保障的时事快报和数字》。2017年2月17日检索：https://www.ssa.gov/policy/docs/chartbooks/fast_facts/2016/fast_facts16.pdf

13. 乔纳森・拉斯特（2013年）。《当没有人愿意生育时我们还能期盼什么：美国即将来临的人口灾难》。纽约：伊康特出版社，第2页。

14. 世界银行，美国人口增长【SPPOPGROWUSA】，检索自FRED，圣路易斯联邦储备银行；https://fred.stlouisfed.org/series/SPPOPGROWUSA，2017年11月13日。

15. 拉斯特（2013年），第4页。

16. 同上。第109页。

17. 美国社会安全局。2017年2月11日检索自https://www.ssa.gov/history/ratios.html Last（2013年），在他的书中第108页也采用了类似的表格。

18. 拉斯特（2013年），第107页。

19. Quartz。比尔·盖茨访谈录。2017年2月19日检索：https://qz.com/911968/bill-gates-the-robot-that-takes-your-job-should-pay-taxes/

20. 无毒美国：与PSA的合作伙伴关系——这样我可以做更多的可乐（1980年）。检索自：http:// lybio.net/tag/im-always-chasing-rainbows-psa-remarks/ https://www.youtube.com/watch?v=XGAVTwhsyOs

21. 贸易经济学。西班牙青年失业率。2月检索：http://www.tradingeconomics.com/spain/youth-unemployment-rate

22. 贸易经济学。西班牙青年失业率。2月检索：http://www.tradingeconomics.com/spain/youth-unemployment-rate

23. 华盛顿邮报。检索：https://www.washingtonpost.com/business/capitalbusiness/minimum-wage-offensive-could-speed-arrival-of-robot-powered-restaurants/2015/08/16/35f284ea-3f6f-11e5-8d45-d815146f81fa_story.html

24. 贾森·申克尔（Jason Schenker）私人照片集。

25. 美国国内税务署。2017年2月19日检索：https://www.irs.gov/businesses/small-businesses-self-employed/self-employment-tax-social-security-and-medicare-taxes

26. 皮尤研究中心。（2015年10月22日）。2017年2月19日检索：http://www.pewsocialtrends.org/2015/10/22/three-in-ten-u-s-jobs-are-held-by-the-self-employed-and-the-workers-they-hire/

27. 同上。

第7章

1. D. 弗雷德曼（2016年7月/8月）。“基本收入：美国梦的破灭”。《麻省理工技术评论》杂志，第52页。
2. 同上，第53页。
3. U. 吉特里尼（2017年1月11日）。“为何全民基本收入是简单但有效的理念”。世界银行，由世界经济论坛转载。2017年2月11日检索：https:// www.weforum.org/agenda/2017/01/in-a-complex-world-the-apparent-simplicity-of-universal- basic-income-is-appealing
4. 同上。
5. 美国劳工统计局。所有城市消费者的消费价格指数数据：所有项【CPIAUCSL】，从圣路易斯联邦储备银行快速随机询问显示器上检索；https://fred.stlouisfed.org/ series/CPIAUCSL，2017年11月13日。
6. J.卡普兰（2015年），第184、185页。
7. 同上。
8. D. 汤普森（2015年7月/8月）。“没有工作的世界”，《大西洋月刊》。检索自https://www.theatlantic.com/magazine/archive/2015/07/world-without-work/395294/
9. J. 汉布森（2017年2月2日）。“如何让时间过得快”，《大西洋月刊》。检索自https://www.theatlantic.com/health/archive/2017/02/how-to-make-time-move/515361/
10. 图片由Adobe Stock授权提供。

第8章

1. 贾森·申克尔（Jason Schenker）私人照片集。

2. MOOCS数据检索自三个来源：

https://www.class-central.com/report/moocs-2015-stats/

https://www.class-central.com/report/mooc-stats-2016/

https://www.edsurge.com/news/2014-12-26-moocs-in-2014-breaking-down-the-numbers

3. C. 韦勒（2016年12月27日）。“顶尖未来学家预测，到2030年，最大的互联网公司将是从事远程机器人教学工作的公司”。《财经内幕》。2017年2月17日检索：http://www.businessinsider.com/futurist-predicts-online-school-largest-online-company-2016-12

4. 杰里米·里夫金（2015年）。《零边际成本社会：一个物联网、合作共赢的新经济时代》。纽约：麦克米兰出版社，第4页。

5. 同上。第5页。

6. 贾森·申克尔（Jason Schenker）私人照片集。

7. 贾森·申克尔（Jason Schenker）私人照片集。

8. 贾森·申克尔（Jason Schenker）私人照片集。

9. 美国劳工统计局。（2016年3月30日）。职业就业和工资报告——2015年5月。2017年2月12日检索：https://www.bls.gov/news.release/pdf/ocwage.pdf

10. 美国劳工统计局。2017年2月12日检索：https://www.bls.gov

11. 同上。

12. 同上。

13. 美国劳工统计局。2017年11月6日检索：https://www.bls.gov/emp/ep_chart_001.htm

第9章

1. 美国劳工统计局。(2016年3月30日)。职业就业和工资报告——2015年5月。2017年2月12日检索：https://www.bls.gov/news.release/pdf/ocwage.pdf
2. 阿伦·森达拉拉詹(2016年)。《共享经济：就业的终结和基于人群的资本主义的兴起》。马萨诸塞州剑桥：麻省理工学院出版社，第177页。
3. 同上。第202页。
4. 美国劳工统计局。"职位空缺和劳动力流动——2016年12月"。2017年2月12日检索：https://www.bls.gov/news.release/pdf/jolts.pdf
5. 美国谘商会。《在线招聘求职系列数据》。2017年2月17日检索：https://www.conference-board.org/data/request_form.cfm
6. 感谢路易斯·鲍德斯(Louis Borders)接受我为本书对他的采访。

AUTHOR

作者

作者资料

贾森·申克尔（Jason Schenker，中文名为沈杰顺）是威望经济公司总裁，也是全球顶尖的金融市场未来学家。自2011年以来，彭博新闻社（Bloomberg News）将申克尔先生列入对世界上38种不同品类的预测最为精准的预测师之一，其中23个品类的预测排名第一，包括对欧元、英镑、瑞士法郎、原油价格、天然气价格、黄金价格、工业金属价格、农产品价格和美国非农就业人口的预测。

申克尔先生曾撰写过四本书，均是亚马逊网站排名第一的畅销书，它们分别是《商品价格101》、《对抗衰退》、《选举衰退》和《机器人的工作》。申克尔先生也是《彭博观点》和《彭博预言家》的专栏作家。同时，他担任过《彭博电视》（Bloomberg Television）的嘉宾和嘉宾主持。另外，他还是美国全国广播公司财经频道

（CNBC）的嘉宾。一些新闻媒体，包括《华尔街日报》、《纽约时报》和《金融时报》，经常引用他的观点。

在创立威望经济公司之前，申克尔先生就职于麦肯锡公司（McKinsey & Company），是一名风险专家，并指导六个大洲的贸易和风险计划。而在加入麦肯锡公司之前，他是美联银行（Wachovia）的一位经济师。

他拥有北卡罗来纳大学格林斯堡分校（UNC Greensboro）应用经济学硕士学位，加州州立大学多明戈斯山分校（CSU Dominguez Hills）谈判学硕士学位，北卡罗来纳大学教堂山分校（UNC Chapel Hill）德语硕士学位，也是弗吉尼亚大学（The University of Virginia）历史和德语专业优秀毕业生。同时，他还拥有麻省理工学院（MIT）金融科技专业毕业证书和麻省理工学院供应链管理专业高级文凭，北卡罗来纳大学（UNC）职业发展专业的毕业证书，以及哈佛大学法学院的谈判专业高级文凭。目前，他正在努力考取NACD和卡内基梅隆大学的网络安全文凭。申克尔先生有众多的专业职称：特许股票技术分析师（CMT®）、注册价值分析师（CVA®）、能源风险分析师（ERP®）和注册理财规划师（CFP®）。

申克尔先生是LinkedIn Learning的导师。他的金融风险管理课程于2017年10月发布。其他课程将分别于2018年和2019年开课。

申克尔先生还是得克萨斯州商业领导委员会的成员。该委员会是得克萨斯州唯一一个由首席执行官参与的公共政策研究组织，只有125名会员，全部为首席执行官或董事长。他也是得州协会2018届董事会成员，该协会具有非党派、非营利性质，促进关于美国和得州重要事宜的商业和政策对话。

作为外汇金融科技创业公司Hedgefly的创始人和得州中部天使网络的成员，申克尔先生担任金融科技领域的常务执行官职位。在此之前，申克尔先生曾在一家私募众筹股权创业公司任首席财务官。

申克尔先生是得克萨斯州区块链协会的执行理事，也是美国企业董事联合会的成员，以及全美董事联合会咨询委员会（NACD）治理研究员。

2016年10月，申克尔先生创立了未来研究所，通过培训和认证计划，帮助分析师和经济师成为未来学家。他本人就是注册未来学家。

有关贾森·申克尔的更多信息：

www.jasonschenker.com

有关未来研究所的更多信息：

www.futuristinstitute.org

有关威望经济公司的更多信息：

www.prestigeeconomics.com

译者说

TRANSLATOR'S WORD

从20世纪60年代第一台机器人投入使用至今，机器人已经有 50 多年的历史了。这期间，机器人技术不断取得进步。机器人也从最初被用来完成肮脏、枯燥及具有危险性的任务到如今广泛应用到军事、教育、交通运输、医疗、销售等领域中。

2016年，以“阿尔法狗”战胜世界围棋冠军李世石为标志，人类失守了围棋这一被视为最后智力堡垒的棋类游戏。有人认为，这不过是用更强大的计算机、更复杂的算法，实现了更复杂的功能而已。计算机就算跳棋、象棋、围棋下得再好，也只是一台（或一群）冷冰冰的机器。也有人惊呼，快速发展的人工智能将逼近“奇点”，带来下岗大潮、隐私泄露等诸多问题，甚至是人类毁灭的终点。不管这种争论的结果如何，机器人由于有了“人工智能”这颗“芯”，得到更快的发展确是不争的事实。

为了获取人工智能的巨大红利，世界主要大国均出台相应的国家战略，期望在国际竞争中取得优势地位。2014年，英国发布了《人工智能2020国家战略》。2016年10月，美国白宫发布了《为人工智能的未来做好准备》《国家人工智能研发战略规划》。2017年4月，法国发布了《国家人工智能战略》。2017年7月，中国政府发布了《新一代人工智能发展规划》。与此同时，各大企业纷纷投入到人工智能的研发之中。我所工作的单位（中国电子科技集团公司电子科学研究院）作为信息电子与智能网络的国家队，也从核心技术研发、行业标准创建、技术普及与应用等方面开展人工智能的研究与探索。

未来到底是什么样的？我们该如何为我们的未来做好准备？《机器人的工作：“敌托邦”还是“乌托邦”（第2版）》一书对未来机器人与人类在就业、经济发展、税收、教育等方面的关系进行了深入的思考，并为我们提供了很好的建议。为此，李睿深、郝英好、计宏亮几位同事将该书翻译成中文，李厚同同志对翻译稿进行了校对，最终使本书的中文版得以与读者见面，让更多的人可以从中受益，更好地适应智能时代的革命性变化，为现在和未来的工作做好准备。

译者

2018年元月于北京

顶级预测师预测精准度排名

威望经济公司被公认为世界上最精准、独立的商品和金融市场研究公司。作为威望经济公司唯一的预测师，贾森·申克尔感到很自豪，因为彭博新闻社把他列为2010年以来世界上38个不同品类的顶级预测师，其中，他还在23个不同品类的预测中排名第一。

申克尔先生是在经济指数、能源价格、金属价格、农产品价格及外汇汇率方面排名靠前的预测师。

经济预测排名

非农就业人口预测师全球排名第一

美国失业率预测师全球排名第二

耐用品订单预测师全球排名第三

美国供应管理协会（ISM）制造业指数预测师全球排名第七

能源价格预测排名

西得克萨斯中质原油（WTI）原油价格预测师全球排名第一

布伦特（Brent）原油价格预测师全球排名第一

亨利中心天然气价格预测师全球排名第一

金属价格预测排名

黄金价格预测师全球排名第一

铂金价格预测师全球排名第一

钯价格预测师全球排名第一

工业金属价格预测师全球排名第一

铜价格预测师全球排名第一

铝价格预测师全球排名第一

镍价格预测师全球排名第一

锡价格预测师全球排名第一

锌价格预测师全球排名第一

贵金属价格预测师全球排名第二

银价格预测师全球排名第二

铅价格预测师全球排名第二

铁矿石价格预测师全球排名第二

农产品价格预测排名

咖啡价格预测师全球排名第一

棉花价格预测师全球排名第一

糖价格预测师全球排名第一

大豆价格预测师全球排名第一

外汇预测排名

欧元预测师全球排名第一

英镑预测师全球排名第一

瑞士法郎预测师全球排名第一

俄罗斯卢布预测师全球排名第一

巴西雷亚尔预测师全球排名第一

日元预测师全球排名第四

主要货币预测师全球排名第五

澳元预测师全球排名第五

人民币预测师全球排名第五

加拿大元预测师全球排名第八

欧元兑瑞士法郎预测师全球排名第一

欧元兑日元预测师全球排名第二

欧元兑英镑预测师全球排名第二

欧元兑卢布预测师全球排名第二

有关威望经济公司的更多信息：

www.prestigeeconomics.com

免责声明 DISCLAIMER

出版商声明

以下免责声明适用于本书的任何内容：

本书为评论文，仅供一般性信息参考，而非投资建议。威望专业出版有限责任公司并未就具体或一般性投资、投资类型、资产类别、非管制市场（如外汇、商品）及个别股权、债券或其他投资工具提供任何建议。威望专业出版有限责任公司并未对本书中分析与陈述的完整性或准确性做出任何保证。对于任何个人或实体因依赖本书信息而导致的损失，威望专业出版有限责任公司概不负责。观点、预测及信息如有更改，恕不另行通知。本书并未鼓励获得或提供任何金融或咨询类服务及产品，仅供市场评论及提供一般信息所用。本书并未给出任何投资建议。

作者声明

以下免责声明适用于本书的任何内容：

本书为评论文，仅供一般性信息参考，而非投资建议。贾森·申克尔并未就任何具体或一般性投资、投资类型、资产类别、非管制市场（如外汇、商品）及个别股权、债券或其他投资工具提供任何建议。贾森·申克尔并未对本书中分析与陈述的完整性或准确性做出任何保证。对于任何个人或实体因依赖本书信息而导致的损失，贾森·申克尔概不负责。观点、预测及信息如有更改，恕不另行通知。本书并未鼓励获得或提供任何金融或咨询类服务及产品，仅供市场评论及提供一般信息所用。本书不构成任何投资建议。

反侵权盗版声明